中等职业学校职业技能训练用书

网络配置
技术职业技能训练

主　编　刘炎火

参　编　林火焰　余世文

北京理工大学出版社
BEIJING INSTITUTE OF TECHNOLOGY PRESS

内容提要

本书根据中等职业学校人才培养要求，突出"实践性、实用性、创新性"新形态教材特征，结合编者多年的教学和工程经验，基于工作过程需求，嵌入"一学二练三优化"职教模式精心编写。本书是以党的二十大为指导思想，落实立德树人根本任务，以理论够用、实用为主的原则精心编写的中等职业学校计算机类职业技能训练教材。全书共 3 个单元，内容涵盖路由器、交换机基础配置，路由和接入 WAN 技术。

本书既可作为职业院校计算机类专业的教材，亦可供网络技术人员参考。

本书配有电子课件、PKA 模拟实训、测试答案，选用本书作为教材的教师可以登录北京理工大学出版社教育服务网（edu.bitpress.com.cn）免费下载或联系编辑咨询。

图书在版编目（CIP）数据

网络配置技术职业技能训练 / 刘炎火主编 .-- 北京：
北京理工大学出版社，2023.8
　ISBN 978-7-5763-2321-4

Ⅰ . ①网…　Ⅱ . ①刘…　Ⅲ . ①计算机网络　Ⅳ .
① TP393

中国国家版本馆 CIP 数据核字（2023）第 073057 号

出版发行 / 北京理工大学出版社有限责任公司
社　　　址 / 北京市海淀区中关村南大街 5 号
邮　　　编 / 100081
电　　　话 / （010）68914775（总编室）
　　　　　　（010）82562903（教材售后服务热线）
　　　　　　（010）68944723（其他图书服务热线）
网　　　址 / http://www.bitpress.com.cn
经　　　销 / 全国各地新华书店
印　　　刷 / 定州市新华印刷有限公司
开　　　本 / 787 毫米 ×1092 毫米　1/16
印　　　张 / 10
字　　　数 / 200 千字
版　　　次 / 2023 年 8 月第 1 版　2023 年 8 月第 1 次印刷
定　　　价 / 36.00 元

责任编辑 / 钟　博
文案编辑 / 钟　博
责任校对 / 刘亚男
责任印制 / 李志强

图书出现印装质量问题，请拨打售后服务热线，本社负责调换

前言

PREFACE

本书以党的二十大为指导思想，立足"两个大局"和第二个百年奋斗目标，锚定社会主义现代化强国建设目标任务，坚持质量为先，坚持目标导向、问题导向、效果导向的原则；落实《国家职业教育改革实施方案》《中华人民共和国职业教育法》《关于推动现代职业教育高质量发展的意见》等精神要求，依照《专业教学标准》，遵循操作性、适用性、适应性原则精心组织编写。本书坚持以立德树人为根本任务，秉持为党育人，为国育才的理念，以学生为中心，以工作任务为载体，以职业能力培养为目标，通过典型工作任务分析，构建新型理实一体化课程体系。本书按照工作过程和学习者认知规律设计教学单元、安排教学活动，实现理论与实践统一、专业学习和工作实践学做合一、能力培养与岗位要求对接合一。本书引用贴近学生生活和实际职业场景的实践任务，采用"一学二练三优化"职教模式，使学生在实践中积累知识、经验和提升技能，达成课程目标，增强现代网络安全意识，提高应用网络能力，开发网络思维，提高数字化学习与创新能力，树立正确的社会主义价值观和责任感，培养符合时代要求的信息素养，培育适应职业发展需要的信息能力。

本书共有 3 个单元，内容涵盖路由器、交换机基础配置，路由，接入 WAN 技术。每个单元设有导读、学习目标、内容梳理、知识概要、应知应会、典型例题、知识测评等环节。

本书由刘炎火担任主编，参加编写的还有林火焰、余世文。其中，刘炎火编写了单

PREFACE

元 1 和单元 3，林火焰编写了单元 2，余世文参与资料整理工作。刘炎火负责全书的设计，内容的修改、审定、统稿和完善等工作，全书由刘炎火负责最终审核。

由于编者水平有限，不足之处在所难免，敬请专家、读者批评指正。

编　者

目录
CONTENTS

单元1

路由器、交换机基础配置

导读

网络已经成为继陆、海、空、天以外的第五类疆域，网络安全深刻影响着国防安全、国家安全。同时，网络技术是信息技术的基础，深刻影响着现代化进程。网络的最基本设备是路由器（Router）和交换机（Switch）。路由器是连接两个或多个网络的硬件设备，在网络间起到网关的作用，它是读取每一个数据包中的 IP 地址然后决定如何传送的专用智能网络设备。交换机是一种用于电（光）信号转发的网络设备。它可以为接入交换机的任意两个网络节点提供独享的电信号通路。最常见的交换机是以太网交换机。其他常见的交换机还有电话语音交换机、光纤交换机等。本单元着重讲述路由器、交换机的基础配置和基本理论知识。

1.1 网络设备基础配置

🎯 学习目标

- 熟练掌握网络设备不同模式之间的切换。
- 熟练掌握网络设备命名的配置。
- 熟练掌握网络设备使能口令的配置
- 熟练掌握网络设备控制台口令的配置。
- 熟练掌握网络设备虚拟终端口的配置。
- 熟练掌握网络设备虚拟终端线程的配置。
- 理解本地用户与 RADIUS 用户的应用。
- 通过学习网络设备安全配置，树立网络安全意识。

📋 内容梳理

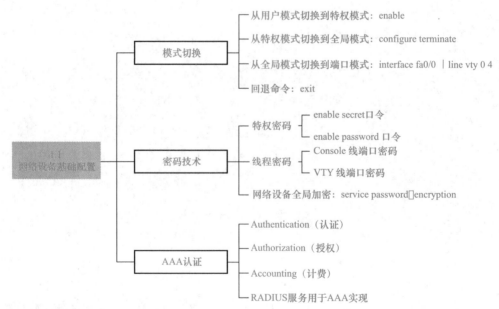

📋 知识概要

路由器能够理解不同的协议，例如，某个局域网使用的以太网协议，Internet 使用的 TCP/IP，它们之间可以路由。路由器可以分析各种不同类型网络传来的数据包的目的地址，把非 TCP/IP 网络的地址转换成 TCP/IP 地址，反之亦然。地址转换完成之后，路由器通过合适的路由算法把各数据包按最佳路线传送到指定位置，因此路由器可以把非 TCP/IP 网络连接到 Internet。交换机侧重于相邻节点之间的数据转发。路由器和交换机从事的业务不同，因此存在一定的差异，主要体现以下 5 个方面。

（1）路由器的寻址、转发依靠的是 IP 地址，交换机的过滤、转发依靠的是 MAC 地址。

（2）交换机用于连接局域网，数据包在局域网内网中转发；路由器用于连接局域网和外网，数据包可以在不同局域网间转发。

（3）交换机工作于 TCP/IP 的数据链路层，路由器工作于网络层。

（4）交换机负责具体的数据包传输，路由器不负责数据包的实际传输，路由器只封装好要传输的数据包，然后将其转发到下一个节点。

（5）路由器提供了防火墙服务，交换机不能提供防火墙服务。

1. 网络设备配置模式切换

无论路由器还是交换机，其基本模式都有用户模式、特权模式、全局模式、端口模式等，它们之间的切换示意如图 1-1-1 所示。

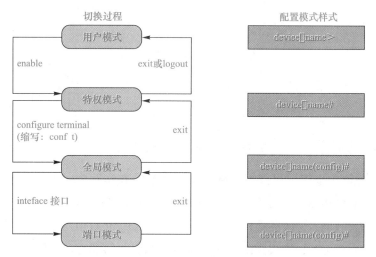

图 1-1-1　网络设备配置模式切换示意

在网络设备配置模式切换过程中，一般只能在相邻模式之间切换。例如，用户模式只能切换到特权模式，无法直接从用户模式切换到全局模式，但也有特例，按"Ctrl+Z"组合键可以从端口模式或全局模式切换到特权模式。

2. 网络设备密码技术

网络设备进入特权模式，默认开放全部权限。从安全性的角度考虑，网络设备主要设置了特权密码、线程（line）密码和全局加密（service password-encryption）。

网络设备特权密码包括明文密码和密文密码。明文密码命令格式为：enable password 口令；密文密码命令格式为：enable secret 口令。在网络设备中，密文密码的优先级比明文密码高，也就是说当 enable password 与 enable secret 两者同时存在时，只有 enable secret 生效。

网络设备线程密码包括 Console 线端口密码和 VTY 线端口密码，它们都是在登录相应线程接口时设置的密码。

网络设备全局加密能一次性加密网络设备中所有以明文形式存在的密码。

3. AAA 技术应用

AAA 是 Authentication（认证）、Authorization（授权）和 Accounting（计费）的简称，它是网络安全的一种管理机制，提供了认证、授权、计费 3 种安全功能。用户可以只使用 AAA 提供的一种或两种安全服务，本书中涉及的 AAA 认证就是这种情形。AAA 通常使用 C/S 结构，当 AAA 用户需要通过 AAA 客户端访问网络时，需要先获得访问网络的权限，AAA 客户端起到认证 AAA 用户的作用，并且 AAA 客户端负责把用户的认证、授权、计费等信息发送给 AAA 服务器。这种结构既具有良好的可扩展性，又便于集中管理用户信息。AAA 工作机制示意如图 1-1-2 所示。

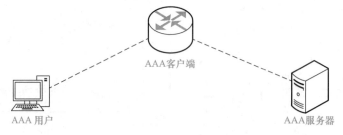

图 1-1-2　AAA 工作机制示意

AAA 是一种管理框架，可以用多种协议来实现。在实践中，人们最常使用远程访问拨号用户服务（RADIUS）来实现 AAA。RADIUS 是分布式、C/S 架构的信息交互协议，它基于 UDP，其中 1812 为认证端口，1813 为计费端口。RADIUS 最早用于拨号接入，后来用于以太网接入、ADSL 接入。RADIUS 客户端和服务器端交互机制主要有 3 个特点。

（1）RADIUS 客户端和服务器之间认证消息的交互通过共享密钥保证安全，用户密码在网络上加密传输。

（2）RADIUS 服务器支持多种方法认证用户，如基于 PPP 的 PAP、CHAP 等。

（3）RADIUS 服务器可以为其他类型认证服务器提供代理。

⊘ 应知应会

在"知识概要"中，对网络设备的相关基础知识做了一定论述，接下来通过实例进一步熟练掌握网络设备的基础配置。

【例 1-1-1】 对基于图 1-1-3 所示拓扑结构及表 1-1-1、表 1-1-2 所示设备信息的网络，按照以下要求完成配置。

（1）根据设备信息修改主机名。

（2）正确配置网络设备 IP 地址。

（3）测试连通性。

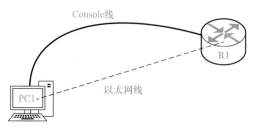

图 1-1-3   拓扑结构

【设备信息】

表 1-1-1   设备端口连接

设备名称	端口	设备名称	端口
R1	Fa0/0	PC1	Fa0

表 1-1-2   设备端口地址

设备名称	端口	IP 地址	网关地址
R1	Fa0/0	192.168.1.1/24	—
PC1	NIC	192.168.1.10/24	192.168.1.1

【配置信息】

STEP 1: 路由器 R1 配置如下。

进入特权配置模式

```
    Router>enable
```

进入全局配置模式

```
    Router#configure terminal
```

修改主机名

```
    Router (config) #hostname R1
```

进入端口配置模式

```
    R1 (config) #interface FastEthernet0/0
```

配置 IP 地址

```
    R1 (config-if) #ip address 192.168.1.1 255.255.255.0
```

启动端口

```
    R1 (config-if) #no shutdown
```

STEP 2: 正确配置 PC1 的 IP 地址，如图 1-1-4 所示。

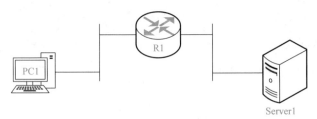

图 1-1-4　PC1 的 IP 地址信息

STEP 3: 测试连通性。

```
C:\>ping 192.168.1.1
Reply from 192.168.1.1:bytes=32 time=1ms TTL=255
Reply from 192.168.1.1:bytes=32 time<1ms TTL=255
Reply from 192.168.1.1:bytes=32 time<1ms TTL=255
Reply from 192.168.1.1:bytes=32 time<1ms TTL=255
```

【例 1-1-2】 对基于图 1-1-5 所示拓扑结构及表 1-1-3、表 1-1-4 所示设备信息的网络，请按照以下要求完成配置。

图 1-1-5　AAA 配置实例

（1）根据设备信息修改主机名。

（2）正确配置网络设备 IP 地址。

（3）AAA 客户端 R1 开启远程登录，登录验证启用 RADIUS。

（4）在 Server1 中启用 AAA 服务，将 RADIUS 端口设置为 1812，AAA 用户名为 Login-User，AAA 密码为 Login-PW。

（5）AAA 客户端 R1 连接 AAA 服务器的密码为 Radius-PW。

（6）将使能口令设置为 Enable-PW

（7）测试 PC1 远程登录 AAA 客户端 R1。

【设备信息】

表 1-1-3　设备端口连接

设备名称	端口	设备名称	端口
R1	Fa0/0	S1	Fa0/1
R1	Fa0/1	S2	Fa0/1
S1	Fa0/2	PC1	Fa0
S2	Fa0/2	Server1	Fa0

表 1-1-4　设备端口地址

设备名称	端口	IP 地址	网关地址
R1	Fa0/0	192.168.1.1/24	—
R1	Fa0/1	192.168.2.1/24	—
PC1	NIC	192.168.1.10/24	192.168.1.1
Server1	NIC	192.168.2.10/24	192.168.2.1

【配置信息】

STEP1：AAA 客户端路由器 R1 配置。

```
# 基础配置
Enable
Configure terminte
hostname R1
interface FastEthernet0/0
    ip address 192.168.1.1 255.255.255.0
    noshutdown
interface FastEthernet0/1
    ip address 192.168.2.1 255.255.255.0
    noshutdown
# 使能口令配置
enable password Enable-PW
# 启用 AAA 配置
aaa new-model
# 指定 VTY 登录要求
aaa authentication login VTY group radius
```

\# 配置 AAA 服务器信息

```
radius-server host 192.168.2.10 auth-port 1812 key Radius-PW
```
\# 配置虚拟终端登录方式
```
line vty 0 4
    login authentication VTY
```

STEP 2：配置 Server1 的 IP 地址和 AAA 服务器信息，如图 1-1-6 和图 1-1-7 所示。

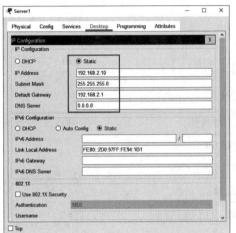

图 1-1-6　Server1 的 IP 地址配置

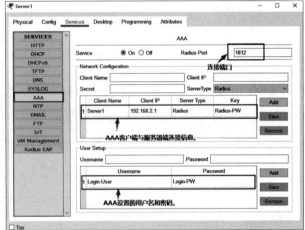

图 1-1-7　AAA 服务器配置

STEP 3：用户 PC1 配置 IP 地址，如图 1-1-8 所示。

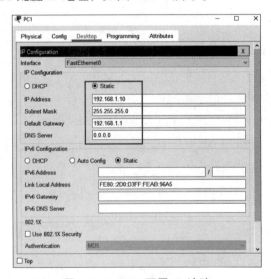

图 1-1-8　PC1 配置 IP 地址

STEP 4：用户 PC1 远程登录路由器 R1，如图 1-1-9 所示。

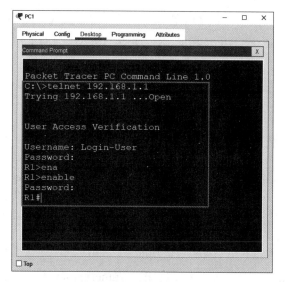

图 1-1-9 AAA 测试验证

【案例 1-1-1】 交换机配置了明文特权密码 123，使用全局加密后，又配置了特权密文密码 456，哪种特权密码生效？（　　）

　　A. 加密后的明文密码 123　　　　　　B. 密文密码 456

　　C. 密码 123456　　　　　　　　　　　D. 两者中任意一个

【解析】在网络设备中，密文密码的优先级比明文密码高，也就是说当 enable password 与 enable secret 两者同时存在时，只有 enable secret 生效。

【答案】B

【案例 1-1-2】 在哪种配置模式下，可以修改网络设备名称？（　　）

　　A. 用户模式　　　　　　　　　　　　B. 特权模式

　　C. 全局模式　　　　　　　　　　　　D. 端口模式

【解析】修改网络设备名称要求进入全局模式执行 hostname。

　　例如：

　　　　Router（config）#hostname R1

　　　　R1（config）#

　　修改成功。

【答案】C

【案例 1-1-3】 RADIUS 使用 UDP，RADIUS 的默认认证端口是下列哪项？（　　）

　　A. 1814　　　　　　　　　　　　　　B. 1813

　　C. 1812　　　　　　　　　　　　　　D. 1646

【解析】在实践中，人们最常使用 RADIUS 来实现 AAA。RADIUS 是分布式、C/S 架构的信息交互协议，它基于 UDP，其中 1812 为认证端口，1813 为计费端口。

【答案】C

知识测评

一、选择题

1. 在用户特权（使能）配置模式下，下列哪项是可以成功实现的功能？（　　）

A. 测试连通性　　　　　　　　　B. 修改设备名称

C. 配置特权密码　　　　　　　　D. 配置 IP 地址

2. 下列选项中，哪项不是 AAA 安全功能？（　　）

A. Authentication　　　　　　　　B. Authorization

C. Accounting　　　　　　　　　D. Allow

3. 在图 1-1-10 中，哪个值是网关地址？（　　）

IP Address	192.168.2.10
Subnet Mask	255.255.255.0
Default Gateway	192.168.2.1

图 1-1-10　选择题 3. 图

A. 192.168.2.10　　　　　　　　B. 255.255.255.0

C. 192.168.2.1　　　　　　　　　D. 都不是

4. 下列在路由器全局模式下配置的指令，哪种可以设置使能加密口令？（　　）

A. enable password　　　　　　　B. enable secret

C. aaa new-model　　　　　　　　D. configure terminal

5. 下列配置代码表达了哪个选项的内容？（　　）

`aaa authentication ppp default group radius local`

A. 在 PPP 线路的验证中，可以使用 RADIUS 和 Local 用户。

B. 在 PPP 线路的验证中，只能使用 RADIUS 用户

C. 在 PPP 线路的验证中，只能使用 Local 用户

D. 在 PPP 线路的验证中，不可以使用 RADIUS 和 Local 用户。

二、填空题

1. 路由器的寻址、转发依靠的是_____，交换机的过滤、转发依靠的是_____。

2. 交换机工作于 TCP/IP 协议的_____，路由器工作于_____。

3. 使网络设备从特权模式退到用户模式，除了使用 exit 命令以外，还可以使用_____命令。

三、判断题

1．RADIUS 使用 TCP 作为传输协议，具有很高的可靠性。　　　　　　　（　　）

2．RADIUS 服务器支持以多种方法认证用户。　　　　　　　　　　　　（　　）

3．service password-encryption 可以对加密口令再进行加密。　　　　　　（　　）

4．当下的路由器只能工作在 TCP/IP 网络环境中。　　　　　　　　　　（　　）

四、简答题

请简述 RADIUS 的工作原理。

五、操作题

对基于图 1-1-11 所示拓扑结构及表 1-1-5、表 1-1-6 所示设备信息的网络，请按照以下要求完成配置。

（1）根据设备配置信息修改路由器、PC 配置，实现 AAA 配置要求。

（2）使能加密口令为 123456。

（3）将控制台口设置为免密。

（4）测试 PC1 远程登录 AAA 客户端 R1。

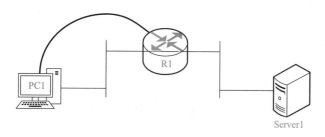

图 1-1-11　拓扑结构

【设备信息】

表 1-1-5　设备端口连接

设备名称	端口	设备名称	端口
R1	Fa0/0	S1	Fa0/1
R1	Fa0/1	S2	Fa0/1
S1	Fa0/2	PC1	Fa0
S2	Fa0/2	Server1	Fa0

表 1-1-6　设备端口地址

设备名称	端口	IP 地址	网关地址
R1	Fa0/0	192.168.1.1/24	—
R1	Fa0/1	192.168.2.1/24	—
PC1	NIC	192.168.1.10/24	192.168.1.1
Server1	NIC	192.168.2.10/24	192.168.2.1

1.2 以太网交换机的 VLAN 配置

学习目标

- 理解 VLAN 的作用与含义。
- 熟练掌握 VLAN 划分策略。
- 掌握 STP 及配置。
- 掌握以太网交换机端口安全配置。
- 熟练掌握中继技术及其配置。
- 熟练掌握链路聚合配置技术。
- 通过反复训练达到精益求精的目标。

内容梳理

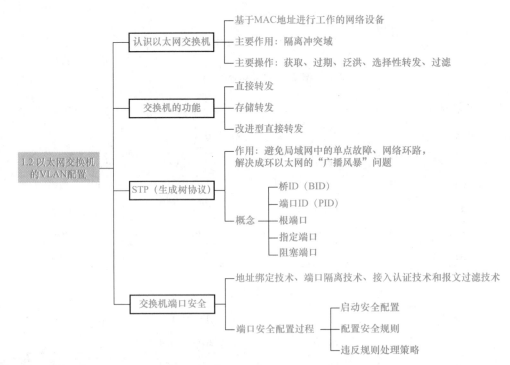

知识概要

以太网交换机是局域网中最重要的设备，它是基于 MAC 地址进行工作的网络设备。

思科（Cisco）交换机不仅具有网桥功能，还拥有 VLAN 划分、STP 等功能。二层交换机是基于收到的数据帧中的源 MAC 地址和目的 MAC 地址进行工作的。以太网交换机的作用主要有两个：一个是维护 CAM（Context Address Memory）表，该表是 MAC 地址和交换机端口的映射表；另一个是根据 CAM 表进行数据帧的转发。

1. 以太网交换机的基本操作

以太网交换机是二层设备，可以隔离冲突域。以太网交换机的基本操作主要有 5 种。

（1）获取（学习）：当以太网交换机从某个端口收到数据帧时，以太网交换机会读取帧的源 MAC 地址，并在 CAM 表中填入 MAC 地址及其对应的端口。

（2）过期：获取的 CAM 表条目具有时间戳，时间戳的作用是从 CAM 表中删除旧条目。

（3）泛洪：如果目的 MAC 地址不在 CAM 表中，以太网交换机会将数据帧发送到除接收端口以外的所有其他端口。

（4）选择性转发：如果目的 MAC 地址在 CAM 表中，以太网交换机会将数据帧转发到相应的端口。

（5）过滤：以太网交换机根据安全设置，对拒绝的数据帧或损坏的数据帧不进行转发，这个过程称为过滤。

2. 以太网交换机数据帧的转发方式

以太网交换机最重要的功能就是进行数据帧转发，不同的以太网交换机有不同的数据帧转发方式，主要有 3 种。

（1）直接转发（cut-through switching）。当以太网交换机在输入端口检测到一个数据帧时，它检查数据帧的帧头，获取数据帧的目的地址，根据 CAM 表信息转发数据帧，数据帧不做缓存处理。直接转发的优点是转发前不需要读取完整的数据帧，因此延时非常小；直接转发的主要缺点是不能提供错误检测能力，并且一般不支持不同速率端口之间的数据帧转发。

（2）存储转发（store-and-forward switching）。存储转发方式是计算机网络领域应用最为广泛的数据帧转发方式。顾名思义，存储转发就是先存储后转发，在转发之前会先进行 CRC（循环冗余码校验）检查，然后根据 CAM 表及转发策略决定是转发还是丢弃。存储转发的优点是支持不同速率端口之间的数据帧转发，并且具有容错能力，其缺点是转发延时比较大。

（3）改进型直接转发。改进型直接转发方式将直接转发方式和存储转发方式结合起来，它在接收数据帧的前 64 字节后，判断数据帧是否正确，如果正确则进行转发，否则丢弃。这种方法对于短的数据帧来说，其延时与直接转发方式比较接近；对于长的数据帧来说，由于它只对数据帧的地址字段与控制字段进行差错检测，因此延时将会减小。

3. 认识以太网交换机端口安全技术

以太网交换机端口安全技术主要有：地址绑定技术、端口隔离技术、接入认证技术和报文过滤技术。

（1）地址绑定技术通过内部网络的 IP 地址与 MAC 地址绑定，防止被非法访问。

（2）端口隔离技术通过在端口加入不同的隔离组（不是指 VLAN）实现隔离，增强网络的安全性。

（3）接入认证技术常见的有 Portal 认证和 802.1x 认证。Portal 认证的原理是用户在访问 Internet 之前，首先重定向到 Portal 服务器，认证通过之后才能访问 Internet。802.1x 认证的原理是对连接到以太网交换机端口上的用户 / 设备进行认证，认证通过以后，正常的数据可以顺利地通过以太网端口。

（4）报文过滤技术是根据报文的源 IP 地址、目的 IP 地址、协议类型、源端口、目的端口及报文传递方向等报头信息来判断是否允许报文通过，实现报文过滤的核心技术是 ACL（访问控制列表）。

4. STP

STP（Spanning Tree Protocol，生成树协议）是 IEEE802.1D 中定义的数据链路层协议，用于解决在网络的核心层构建冗余链路时产生的网络环路问题。STP 通过在交换机之间传递网桥协议数据单元（Bridge Protocol Data Unit，BPDU），采用 STA 生成树算法选举根桥、根端口和指定端口的方式，最终形成一个树形结构的网络，其中，根端口、指定端口都处于转发状态，其他端口处于禁用状态。STP 最主要的应用是为了避免局域网中的单点故障、网络环路，解决成环以太网的"广播风暴"问题，从某种意义上说它是一种网络保护技术。在以太网交换机中，如果到达根网桥有两条或者两条以上的链路，STP 会根据算法保留一条链路，而把其他链路切断，从而保证任意两个以太网交换机之间只有一条单一的活动链路，以防止出现网络环路。

✅ 应知应会

在使用以太网交换机的过程中，配置 VLAN 和配置 TRUNK 是最常用的操作。配置 VLAN 与 TRUNK 的方法如下。

1. 创建 VLAN 的方法

（1）方法 1：在特权模式下创建 VLAN。

```
Switch#vlan database
Switch(vlan)#vlan 10 name V10
```

（2）方法 2：在全局模式创建 VLAN。

```
Switch (config) #vlan 10
Switch (config-vlan) #name V10
```

2. 端口加入 VLAN 的方法

（1）方法 1：单端口加入 VLAN。

```
Switch (config) #interface fastEthernet 0/1
Switch (config-if) #SWitchport mode access
Switch (config-if) #SWitchport access vlan 10
```

（2）方法 2：块端口加入 VLAN。

```
Switch (config) #interface range fastEthernet 0/1-5,
fastEthernet 0/8
Switch (config-if) #SWitchport mode access
Switch (config-if) #SWitchport access vlan 10
```

（3）删除 VLAN。

```
Switch (config) #no vlan 10
```

（4）查看 VLAN。

```
Switch#show vlan brief
```

（5）将端口配置为 TRUNK 口。

```
Switch (config) #int fastEthernet 0/24
Switch (config-if) #switchport mode trunk
```

（6）配置本征 VLAN。

```
Switch (config) #int fastEthernet 0/24
Switch (config-if) #switchport trunk native vlan 10
```

（7）配置允许指定 VLAN 通过 TRUNK 口。

```
Switch (config) #int fastEthernet 0/24
Switch (config-if) #switchport trunk allowed vlan 10,20
```

为了更好地掌握在以太网交换机中配置 VLAN 和 TRUNK 的方法，并实现相应功能，接下来通过实例进一步掌握网络设备配置技能。

【例 1-2-1】　对基于图 1-2-1 所示拓扑结构及表 1-2-1、表 1-2-2 所示设备信息的网络，请按照以下要求完成配置。

（1）设备名称与 PC 的 IP 地址已经正确配置。

（2）在以太网交换机 S1 和 S2 中分别创建 VLAN10、VLAN20 和 VLAN30，按设备信息表把相应端口加入对应 VLAN。

（3）将以太网交换机 S1 与 S2 之间的端口配置为 TRUNK。

（4）修改本征 VLAN 为 VLAN10。

（5）中继线路只允许 VLAN10 和 VLAN20 的数据通过。

（6）测试连通性。

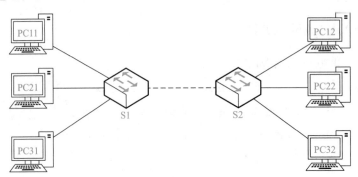

图 1-2-1　以太网交换机 VLAN 及 TRUNK 配置

【设备信息】

表 1-2-1　设备端口连接

设备名称	端口	设备名称	端口
S1	Fa0/1	S2	Fa0/1
S1	Fa0/2	PC11	Fa0
S1	Fa0/3	PC21	Fa0
S1	Fa0/4	PC31	Fa0
S2	Fa0/2	PC12	Fa0
S2	Fa0/3	PC22	Fa0
S2	Fa0/4	PC32	Fa0

表 1-2-2　设备端口信息

设备名称	端口	IP 地址	VLAN 信息
S1	Fa0/1	—	TRUNK
S1	Fa0/2	—	VLAN10
S1	Fa0/3	—	VLAN20
S1	Fa0/4	—	VLAN30
S2	Fa0/1	—	TRUNK
S2	Fa0/2	—	VLAN10
S2	Fa0/3	—	VLAN20
S2	Fa0/4	—	VLAN30
PC11	NIC	10.1.1.11/24	—
PC21	NIC	10.1.1.21/24	—
PC31	NIC	10.1.1.31/24	—

续表

设备名称	端口	IP 地址	VLAN 信息
PC12	NIC	10.1.1.12/24	—
PC22	NIC	10.1.1.22/24	—
PC32	NIC	10.1.1.32/24	—

【配置信息】

STEP 1: 以太网交换机 S1 配置如下。

```
# 创建 VLAN
Vlan 10
Vlan 20
Vlan 30
# 配置中继端口
interface FastEthernet0/1
    switchport mode trunk
    switchport trunk native vlan 10
    switchport trunk allowed vlan 10,20
# 端口加入 VLAN
interface FastEthernet0/2
    switchport mode access
    switchport access vlan 10
interface FastEthernet0/3
    switchport mode access
    switchport access vlan 20
interface FastEthernet0/4
    switchport mode access
    switchport access vlan 30
```

STEP 2: 以太网交换机 S2 配置如下。

以太网交换机 S2 与以太网交换机 S1 的配置信息一样，在此从略。

STEP 3: 进行连通性测试。

```
#PC21 分别与 PC22 和 PC12 做连通性测试
C:\>ping 10.1.1.22
Reply from 10.1.1.22:bytes=32 time<1ms TTL=128
C:\>ping 10.1.1.12
Request timed out.
```

虽然 PC21 与 PC12 的 IP 地址看似网段相同，但是因为划归不同的 VLAN，因此无法连通。

```
#PC31 与 PC32 做连通性测试
C:\>ping 10.1.1.32
Request timed out.
```

PC31 与 PC32 属于相同的 VLAN，并且 IP 地址也属于同一个网段，造成无法连通的原因是中继线路只允许 VLAN10 和 VLAN20 的数据通过。

为了保障读者的学习效果，编者制作了 PKA 文件，以方便读者自主学习。

学习 VLAN 与 TRUNK 口配置之后，接下来，继续学习 STP。在学习 STP 之前，必须先认识桥、桥的 MAC 地址、桥 ID（BID）和端口 ID（PID）。

（1）桥。桥指的是任意多端口的交换机，俗称"网桥"。

（2）桥的 MAC 地址。一个桥有多个转发端口，每个端口都有一个 MAC 地址，把端口编号最小的端口的 MAC 地址作为整个桥的 MAC 地址。

（3）BID。BID 由 2 个部分组成，即优先级 + 桥的 MAC 地址，优先级取值范围为 0 ～ 65 535，默认值为 32 768（0X8000）。在多交换机互连组成网状网络时，BID 值最小的为根桥（Root），如图 1-2-2 所示，显然 S1 是根桥。

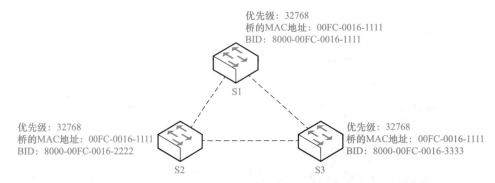

图 1-2-2　以太网交换机根桥选举

根桥选举完成之后，其他以太网交换机就属于非根桥（Non-Root），非根桥会根据路径开销（Root Path Cost，PRC）、对端 BID、对端 PID 和本地端 PID，选举出根端口，实现到达根桥的唯一路径。当一个网段有两条及以上的路径通往根桥时，与该网段相连的以太网交换机就必须确定一个唯一的指定端口。指定端口也是通过比较 RPC 来确定的，RPC 较小的端口将成为指定端口。在确定了根端口和指定端口之后，以太网交换机上所有剩余的端口统称为备用端口，STP 会对这些端口进行逻辑阻塞，以防止出现网络环路。

【例 1-2-2】对基于图 1-2-3 所示拓扑结构及表 1-2-3 所示设备信息的网络，请按照以下要求完成配置。

（1）设备名称与 PC 的 IP 地址已经正确配置。

（2）强制配置 S1 是根桥。

（3）通过修改 S2 的 Fa0/1 端口的开销，设定开销为 1 000，使之成为阻塞端口。

（4）查看 S1、S2 生成树的信息。

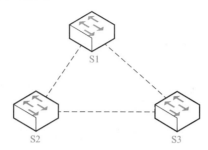

图 1-2-3 以太网交换机 STP 配置

【设备信息】

表 1-2-3 设备端口连接

设备名称	端口	设备名称	端口
S1	Fa0/1	S2	Fa0/1
S1	Fa0/2	S3	Fa0/2
S2	Fa0/3	S3	Fa0/3

【配置信息】

STEP 1: 配置以太网交换机 S1。

    spanning-tree vlan 1 root primary

STEP 2: 配置以太网交换机 S2。

    interface FastEthernet0/1

        spanning-tree vlan 1 cost 1000

STEP 3: 测试信息。

    # 查看根桥信息

    S1#show spanning-tree vlan 1

        Root ID Priority 24577

        Address 0050.0F59.D9EE

        This bridge is the root

    # 查看 S2 的根端口和阻塞端口

    S2#show spanning-tree vlan 1

        Interface Role Sts Cost Prio.Nbr Type

        Fa0/1 Altn BLK 1000 128.1 P2p

        Fa0/3 Root FWD 19 128.3 P2p

为了保证读者的学习效果，编者制作了 PKA 文件，以方便读者自主学习。

学习了 STP，接下来继续学习以太网交换机端口安全配置。以太网交换机端口安全配置一般有 4 个步骤。

第一步：端口配置为访问模式。

```
switchport mode access
```

第二步：开启端口安全配置模式。

```
switchport port-security
```

第三步：设定端口安全配置的具体内容。例如，最大连接地址数为 2 个。

```
switchport port-security maximum 2
```

第四步：设定违反端口安全规则处理策略。例如，违反规则时端口为保护模式。

```
switchport port-security violation protect
```

设定为保护端口（protect）时，丢弃未允许的 MAC 地址流量，但不会创建日志消息。违反规则处理策略除了保护模式以外，还有限制模式（restrict）和关闭模式（shutdown），前者丢弃未允许的 MAC 地址流量，创建日志消息并发送 SNMP Trap 消息；后者是默认选项，将端口置于 err-disabled 状态，创建日志消息并发送 SNMP Trap 消息，需要手动恢复该端口。下面通过具体实例进一步掌握相关知识。

【例 1-2-3】对基于图 1-2-4 所示拓扑结构及表 1-2-4、表 1-2-5 所示设备信息的网络，请按照以下要求完成配置。

（1）设备名称与 PC 的 IP 地址已经正确配置。

（2）在以太网交换机 S2 连接以太网交换机 S1 的端口配置安全策略，设定若 MAC 地址数超过 2 个，则丢弃未允许的 MAC 地址流量，但不会创建日志消息。

（3）测试 PC1、PC2 与 PC3 的连通性。

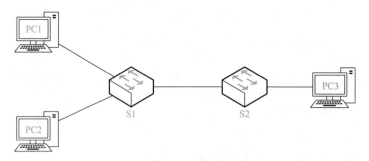

图 1-2-4 以太网交换机端口安全配置

【设备信息】

表 1-2-4 设备端口连接

设备名称	端口	设备名称	端口
S1	Fa0/1	PC1	Fa0
S1	Fa0/2	PC2	Fa0
S2	Fa0/1	PC3	Fa0

表 1-2-5　设备端口地址

设备名称	端口	IP 地址	网关地址
PC1	NIC	192.168.1.1/24	—
PC2	NIC	192.168.1.2/24	—
PC3	NIC	192.168.1.3/24	—

【配置信息】

STEP 1:　配置以太网交换机 S2。

```
interface FastEthernet0/24
    switchport mode access
    switchport port-security
    switchport port-security maximum 2
    switchport port-security violation protect
```

STEP 2:　测试连通性。

```
#PC1 与 PC3 的连通性测试
C:\>ping 192.168.1.3
    Reply from 192.168.1.3:bytes=32 time<1ms TTL=128
#PC2 与 PC3 的连通性测试
C:\>ping 192.168.1.3
    Request timed out.
```

为了保障读者的学习效果,编者制作了 PKA 文件,以方便读者自主学习。

典型案例

【案例 1-2-1】　在以太网交换机中,一个 VLAN 可以看作(　　)。

A. 冲突域　　　　　　　　　　　　B. 广播域

C. 管理域　　　　　　　　　　　　D. 自治域

【解析】广播域和冲突域的区别主要在于概念不同。广播域指的是所有接收广播信息的节点;冲突域指的是同一物理段中的节点。①协议不同,广播域采用数据链路层协议,冲突域采用物理层协议;②网段不同,广播域可以跨网段,冲突域在同一个网段中。管理域、自治域和 VLAN 没有关系。

【答案】A

【案例 1-2-2】　下列哪些项是以太网交换机划分 VLAN 的优点?(　　)

A. 可控制网络的广播风暴　　　　　B. 可确保网络的安全性

C. 可简化网络管理　　　　　　　　D. 可提升网络速度

【解析】VLAN 的主要优点如下。①可限制广播域。广播域被限制在一个 VLAN 内，可提高网络的处理能力。②可增强局域网的安全性。VLAN 的优势在于 VLAN 内部的广播和单播流量不会被转发到其他 VLAN 中，从而有助于控制网络流量、减少设备投资、简化网络管理、提高网络的安全性。③可灵活构建虚拟工作组。用 VLAN 可以划分不同的用户到不同的工作组，同一工作组的用户也不必局限于某一固定的物理范围，网络构建和维护更加方便灵活。

【答案】ABC

【案例 1-2-3】 在以太网交换机中，基于端口安全开启配置命令 switchport port-security maximum 8，表示当前端口最多允许学习（   ）个 MAC 信息？

A．7   B．8
C．9   D．10

【解析】switchport port-security maximum value 表示允许的安全地址个数，范围是 1 ~ 128，默认是 128。

【答案】B

知识测评

一、选择题

1. 下列选项中，哪项不是以太网交换机的工作内容？（   ）

A．泛洪   B．过滤
C．选择性转发   D．路由选择

2. 在以太网交换机中，下列关于 VLAN 的描述中错误的是（   ）。

A．VLAN 的作用是减少冲突

B．VLAN 可以提高网络的安全性

C．一个 VLAN 上可以有一个生成树

D．TRUNK 不属于任何 VLAN

3. 在以太网交换机中，下列选项中哪个是查看 VLAN 信息的命令？（   ）

A．show interface   B．show interface vlan
C．show vlan   D．show vlan name

4. 在以太网交换机中，下列哪项命令在端口安全配置模式下可以实现设置动态学习 CAM 表的老化时间为 10 分钟？（   ）

A．switchport port-security maximum 600

B．switchport port-security maximum 10

C．switchport port-security aging time 600

D．switchport port-security aging time 10

5. 在以太网交换机中，STP 通过传递配置消息完成以下哪些工作？（　　）

A. 从网络中的所有网桥中选出一个作为根桥

B. 在所有非根桥中选择一个根端口

C. 在所有非根桥中选择指定端口

D. 在每个网段选择指定端口

二、填空题

1. 以太网交换机最重要的功能就是进行_____，不同的以太网交换机有不同的转发方式。

2. 以太网交换机存储转发工作方式是先_____后_____。

3. 二层交换机是基于收到的数据帧中的_____MAC 地址和_____MAC 地址进行工作。

4. 在以太网交换机中，STP 计算的端口开销（cost）和端口带宽有一定关系，即带宽越大开销越_____。

三、判断题

1. 以太网交换机是基于 IP 地址进行工作的网络设备。（　　）

2. 以太网交换机的直接转发方式需要读取完整数据帧，才能进入转发阶段。（　　）

3. 以太网交换机具有 VLAN 划分和 STP 的功能。（　　）

4. 在一台以太网交换机中，PC1 和 PC2 分别连接端口 Fa0/1 和 F0/2，IP 地址分别为 10.1.1.1/24 和 10.1.1.2/24，无论以太网交换机做任何配置都可以互连互通。（　　）

四、简答题

1. 请简述 STP 的主要应用及工作原理。

2. 以太网交换机划分 VLAN 的基本任务是什么？

五、操作题

对基于图 1-2-5 所示拓扑结构及表 1-2-6 所示设备信息的网络，请按照以下要求完成配置。

（1）要求强制配置：S1 是 VLAN10 的根桥，S2 是 VLAN20 的根桥，S3 是 VLAN30 的根桥。

（2）请查看配置内容，纠正错误，实现配置要求。

（3）查看生成树的信息。

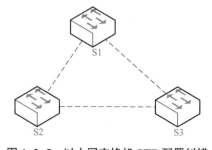

图 1-2-5   以太网交换机 STP 配置纠错

【设备信息】

表 1-2-6　设备端口连接

设备名称	端口	设备名称	端口
S1	Fa0/1	S2	Fa0/1
S1	Fa0/2	S3	Fa0/2
S2	Fa0/3	S3	Fa0/3

1.3　以太网交换机的常用技术

学习目标

- 熟练掌握以太网交换机的 DHCP 配置。
- 理解 DHCP 地址范围及配置技巧。
- 熟练掌握以太网交换机的 VTP 配置。
- 理解服务器、客户端、透明模式的特征。
- 熟练掌握以太网交换机的链路聚合配置。
- 理解聚合链路的负载均衡及配置方法。
- 通过学习专业技能，提升优化意识。

内容梳理

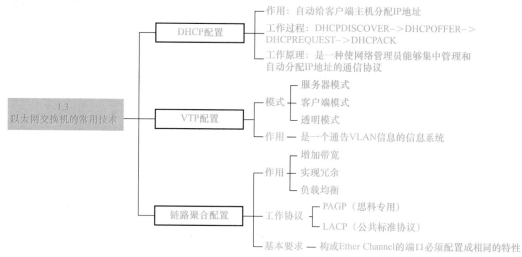

知识概要

经过前面两小节的学习，我们对以太网交换机有了基本的认识，接下来我们将深入学习以太网交换机的一些功能应用。本节重点学习 DHCP、VTP 和链路聚合等内容。

1. 理解 DHCP 的工作过程

DHCP（Dynamic Host Configuration Protocol，动态主机配置协议）服务器能够从预先

设置的 IP 地址池里自动给客户端主机分配 IP 地址，它不仅能够保证 IP 地址不重复分配，也能及时回收 IP 地址以提高 IP 地址的利用率。

　　DHCP 客户端启动时，会在当前的子网中广播 DHCPDISCOVER 报文，向 DHCP 服务器申请一个 IP 地址。DHCP 服务器收到 DHCPDISCOVER 报文后，会提供一个尚未被分配出去的 IP 地址，并标记为非可用。DHCP 服务器以 DHCPOFFER 报文送回给 DHCP 客户端。如果网络中有不止一个 DHCP 服务器，DHCP 客户端只承认第一个 DHCPOFFER 报文。DHCP 客户端收到 DHCPOFFER 报文后，向 DHCP 服务器发送含有 DHCP 服务器提供的 IP 地址的 DHCPREQUEST 报文。如果 DHCP 客户端没有收到 DHCPOFFER 报文并且还记得以前的网络配置，此时使用以前的网络配置（如果该配置仍然在有效期限内）。DHCP 服务器向 DHCP 客户端发回应答报文（DHCPACK）。DHCP 客户端接收包含了配置参数的 DHCPACK 报文，利用 ARP 检查网络上是否有相同的 IP 地址。如果检查通过，则 DHCP 客户端接受这个 IP 地址及其参数，如果发现有问题，DHCP 客户端向 DHCP 服务器发送 DHCPDECLINE 信息，并重新开始新的配置过程。DHCP 服务器收到 DHCPDECLINE 信息，将该 IP 地址标为非可用。DHCP 服务器只能将 IP 地址分配给 DHCP 客户端一定时间，DHCP 客户端必须在该次租用过期前对它进行更新。DHCP 客户端在 50% 租借时间过去以后，每隔一段时间就开始请求 DHCP 服务器更新当前租约，如果 DHCP 服务器应答则租约延期。如果 DHCP 服务器始终没有应答，在有效租借期的 87.5%，DHCP 客户端应该与其他 DHCP 服务器通信，并请求更新它的配置信息。如果 DHCP 客户端不能和所有的 DHCP 服务器取得联系，则租约时间到后，它必须放弃当前的 IP 地址并重新发送一个 DHCPDISCOVER 报文开始上述 IP 地址获得过程。DHCP 客户端可以主动将当前的 IP 地址释放。DHCP 工作过程示意如图 1-3-1 所示。

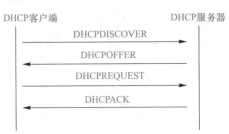

图 1-3-1　DHCP 工作过程示意

2. 理解 VTP 的工作过程

　　VTP（VLAN Trunking Protocol，VLAN 中继协议）是一个通告 VLAN 信息的系统，是思科专用协议，大多数以太网交换机都支持该协议。VTP 可以维护整个管理域 VLAN 信息的一致性，VTP 仅可以在 TRUNK 端口上发送通告。VTP 是一种消息协议，使用第 2 层帧，在全网的基础上管理 VLAN 的添加、删除和重命名，以实现 VLAN 配置的一致性。可以用 VTP 管理网络中的 VLAN1 ～ VLAN1005。

VTP 模式有 3 种。

（1）服务器模式（Server）。VTP 服务器控制着它们所在域中 VALN 的生成和修改，所有 VTP 信息都被通告给本域中的其他以太网交换机，而且所有这些 VTP 信息都是被其他以太网交换机同步接收的。

（2）客户端模式（Client）。VTP 客户端不允许管理员创建、修改或删除 VLAN。它们监听本域中其他以太网交换机的 VTP 通告，并相应修改它们的 VTP 配置情况。

（3）透明模式（Transparent）。透明模式下的以太网交换机不参与 VTP。当以太网交换机处于透明模式时，它不通告其 VLAN 配置信息。它的 VLAN 数据库更新与收到的通告也不保持同步，但它可以创建和删除本地的 VLAN，这些 VLAN 的变更不会传播到其他任何以太网交换机上。

VTP 模式比较如表 1-3-1 所示。

表 1-3-1　VTP 模式比较

模式	能创建、修改、删除 VLAN	能转发 VTP 信息	会根据收到 VTP 信息更改 VLAN 信息	会保存 VLAN 信息	会影响其他以太网交换机上的 VLAN
服务器模式	√	√	√	√	√
客户端模式	×	√	√	×	√
透明模式	√	√	×	√	×

3. 理解链路聚合配置

链路聚合是通过 EtherChannel（以太通道）协议实现的。EtherChannel 在以太网交换机到以太网交换机、以太网交换机到路由器之间提供冗余的、高速的连接方式，简单地说就是将两个设备间多条 FE 或 GE 物理链路捆绑在一起组成一条设备间逻辑链路，从而达到增加带宽、提供冗余的目的。构成 EtherChannel 的端口必须配置成相同的特性，如采用双工模式、速度相同、同为 FE 或 GE 端口、同为本征 VLAN、VLAN 范围相同等。当 EtherChannel 中某一条链路失效时，EtherChannel 中的其他链路照常工作。

当配置二层端口作 EtherChannel 时，只要在成员端口配置模式下用 channel-group n 命令指定该端口要加入的 channel-group 组，这时以太网交换机会自动创建 port-channel 端口；当配置三层端口作 EtherChannel 时，还需在全局配置模式下用 interface port-channel n 命令手工创建 port-channel 端口。

应知应会

为了更好地理解和掌握以太网交换机的 DHCP、VTP 和链路聚合协议，下面详细介绍相应的配置过程和案例。

DHCP 是最常用的网络协议，在思科路由器和交换机中配置方法基本一样。接下来，通过在以太网交换机中配置 DHCP，学习 DHCP 配置过程。

【例 1-3-1】 对基于图 1-3-2 所示拓扑结构及表 1-3-2、表 1-3-3 所示设备信息的网络，请按照以下要求完成配置。

（1）设备名称正确配置。

（2）在以太网交换机 S1 中，创建 VLAN10、VLAN20、VLAN30，同时把端口 Fa0/2 加入 VLAN30。

（3）在以太网交换机 S1 中，VLAN10、VLAN20、VLAN30 的 IP 地址为第一个有效 IP 地址。

（4）在以太网交换机 S1 中，为 VLAN10、VLAN20、VLAN30 分别正确配置 DHCP，地址范围为 100 ~ 150，网关地址为最后一个有效 IP 地址。

（5）在以太网交换机 S2 中，创建 VLAN10、VLAN20，并把 Fa0/2 加入 VLAN10，把 Fa0/3 加入 VLAN20。

（6）完成相应配置，使 PC10、PC20、PC30 能够成功被分配到 IP 地址。

（7）查看 PC10、PC20 与 PC30 获得的 IP 地址信息。

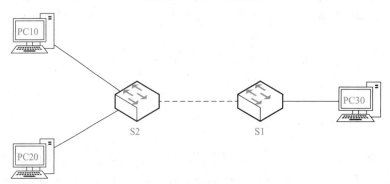

图 1-3-2　DHCP 配置

【设备信息】

表 1-3-2　设备端口连接

设备名称	端口	设备名称	端口
S1	Fa0/1	S2	Fa0/1
S1	Fa0/2	PC30	Fa0
S2	Fa0/2	PC10	Fa0
S2	Fa0/3	PC20	Fa0

表 1-3-3　设备端口地址

设备名称	端口	IP 地址	网关地址
S1	VLAN 10	192.168.10.1/24	—
S1	VLAN 20	192.168.20.1/24	—
S1	VLAN 30	192.168.30.1/24	—

【配置信息】

STEP 1：配置以太网交换机 S1。

```
hostname S1
VLAN 10
VLAN 20
VLAN 30
ip dhcp pool p10
    network 192.168.10.0 255.255.255.0
    default-router 192.168.10.254
ip dhcp pool p20
    network 192.168.20.0 255.255.255.0
    default-router 192.168.20.254
ip dhcp pool p30
    network 192.168.30.0 255.255.255.0
    default-router 192.168.30.254
ip dhcp excluded-address 192.168.10.1 192.168.10.99
ip dhcp excluded-address 192.168.20.1 192.168.20.99
ip dhcp excluded-address 192.168.30.1 192.168.30.99
ip dhcp excluded-address 192.168.10.151 192.168.10.254
ip dhcp excluded-address 192.168.20.151 192.168.20.254
ip dhcp excluded-address 192.168.30.151 192.168.30.254
interface FastEthernet0/1
    switchport mode trunk
interface FastEthernet0/2
    switchport mode access
    switchport access VLAN30
interface Vlan10
    ip address 192.168.10.1 255.255.255.0
interface Vlan20
    ip address 192.168.20.1 255.255.255.0
interface Vlan30
    ip address 192.168.30.1 255.255.255.0
```

STEP 2：配置以太网交换机 S2。

```
hostname S2
VLAN 10
```

```
VLAN 20
interface FastEthernet0/1
    switchport mode trunk
interface FastEthernet0/2
    switchport mode access
    switchport access VLAN10
interface FastEthernet0/3
    switchport mode access
    switchport access VLAN20
```

STEP 3: 查看 PC 获取的地址。

\#PC10 地址信息

```
C:\>ipconfig
    Link-local IPv6 Address...:FE80::201:97FF:FE4B:4DDB
    IP Address................:192.168.10.100
    Subnet Mask...............:255.255.255.0
    Default Gateway...........:192.168.10.254
```

\#PC20 地址信息

```
C:\>ipconfig
    Link-local IPv6 Address...:FE80::290:21FF:FEC9:D6AD
    IP Address................:192.168.20.100
    Subnet Mask...............:255.255.255.0
    Default Gateway...........:192.168.20.254
```

\#PC30 地址信息

```
C:\>ipconfig
    Link-local IPv6 Address...:FE80::200:CFF:FE60:7A27
    IP Address................:192.168.30.100
    Subnet Mask...............:255.255.255.0
    Default Gateway...........:192.168.30.254
```

为了保障读者的学习效果，编者制作了 PKA 文件，以方便读者自主学习。

在大中型网络中，会有很多以太网交换机，同时会有很多个 VLAN，如果在每个以太网交换机上分别创建多个 VLAN，则工作量很大，并且很容易出错，VTP 就是为了解决这个问题而设计的。接下来通过实例阐述 VTP 的配置方法。

【例 1-3-2】 对基于图 1-3-3 所示拓扑结构及表 1-3-4 所示设备信息的网络，请按照以下要求完成配置。

（1）配置设备名称。

（2）在 VTP 配置过程中，域名为 cisco.cn，口令为 cisco，选择版本 2。

（3）在以太网交换机 Server 中，创建 VLAN10、VLAN20、VLAN30，对应名称分别是 VLAN10、VLAN20、VLAN30。

（4）在以太网交换机 Server 中，配置为 VTP 服务器模式。

（5）在以太网交换机 Client 中，配置为 VTP 客户端模式。

（6）在以太网交换机 Transparent 中，配置为 VTP 透明模式。

（7）查看以太网交换机 Server、Client 和 Transparent 的 VLAN 信息。

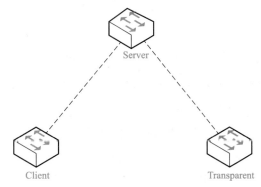

图 1-3-3　VTP 配置

【设备信息】

表 1-3-4　设备端口连接

设备名称	端口	设备名称	端口
Server	Fa0/1	Client	Fa0/1
Server	Fa0/2	Transparent	Fa0/2

【配置信息】

STEP 1: 配置以太网交换机 Server。

```
hostname Server
vlan 10
    name VLAN10
vlan 20
    name VLAN20
vlan 30
    name VLAN30
vtp mode server
vtp version 2
vtp domain cisco.cn
vtp password cisco
```

```
    interface FastEthernet0/1
    switchport mode trunk
interface FastEthernet0/2
    switchport mode trunk
```

STEP 2: 配置以太网交换机 Client。

```
hostname Client
vtp mode Client
vtp version 2
vtp domain cisco.cn
vtp password cisco
interface FastEthernet0/1
    switchport mode trunk
```

STEP 3: 配置以太网交换机 Transparent。

```
hostname Transparent
vtp mode Transparent
vtp version 2
vtp domain cisco.cn
vtp password cisco
interface FastEthernet0/2
    switchport mode trunk
```

STEP 4: 查看 VLAN 信息。

```
# 以太网交换机 Client 的 VLAN 信息
Client#show vlan brief
    10 VLAN10 active
    20 VLAN20 active
    30 VLAN30 active
# 以太网交换机 Transparent 的 VLAN 信息
Transparent#show vlan brief
    1002 fddi-default active# 没有相关 VLAN 信息
```

为了保障读者的学习效果，编者制作了 PKA 文件，以方便读者自主学习。

EtherChannel 是思科公司开发的协议，是应用于以太网交换机之间的多链路捆绑技术，目的是增加带宽，同时提供负载均衡和链路冗余功能。为了实现捆绑成功，两台以太网交换机之间需要有正确的协商协议，常见的协商协议有 PAGP（端口聚合协议）和 LACP（链路聚合控制协议），PAGP 是思科专用协议，LACP 是公共标准协议，在此介绍 LACP，LACP 的协商规则如表 1-3-5 所示。

表 1-3-5　LACP 的协商规律

模式	on	active	passive
on	√	×	×
active	×	√	√
passive	×	√	×

接下来通过实例阐述 EtherChannel 的配置方法。

【例 1-3-3】 对基于图 1-3-4 所示拓扑结构及表 1-3-6 所示设备信息的网络，请按照以下要求完成配置。

（1）配置设备名称。

（2）选择 LACP 方法，以太网交换机之间采用 active 解析链路聚合。

（3）在聚合链路中，启用源 IP 地址的负载均衡。

（4）查看链路聚合状态信息。

图 1-3-4　EtherChannel 配置

【设备信息】

表 1-3-6　设备端口连接

设备名称	端口	设备名称	端口
S1	Fa0/23	S2	Fa0/23
S1	Fa0/24	S2	Fa0/24

【配置信息】

STEP 1: 配置以太网交换机 S1。

```
hostname S1
interface Port-channel1
interface FastEthernet0/23
    switchport mode trunk
    channel-group 1 mode active
interface FastEthernet0/24
    switchport mode trunk
    channel-group 1 mode active
port-channel load-balance src-ip
```

STEP 2: 配置以太网交换机 S2。

> hostname S2
>
> interface Port-channel1
>
> interface FastEthernet0/23
>
> > switchport mode trunk
> >
> > channel-group 1 mode active
>
> interface FastEthernet0/24
>
> > switchport mode trunk
> >
> > channel-group 1 mode active
>
> port-channel load-balance src-ip

STEP 3: 在以太网交换机 S1 中查看信息。

> #EtherChannel 状态
>
> S1#show etherchannel summary
>
> Group Port-channel Protocol Ports
>
> 1 Po1（SU）LACP Fa0/23（P）Fa0/24（P）
>
> # 查看负载均衡信息
>
> S1#show etherchannel load-balance
>
> EtherChannel Load-Balancing Operational State（src-dst-ip）:
>
> Non-IP: Source XOR Destination MAC address
>
> IPv4: Source XOR Destination IP address
>
> IPv6: Source XOR Destination IP address

为了保障读者的学习效果，编者制作了 PKA 文件，以方便读者自主学习。

【案例 1-3-1】　公司总部使用 DHCP 给所有计算机分配 IPv4 地址，公司总部与分支机构之间有一条广域网链路。分支机构的所有计算机都配置了静态 IP 地址，不使用 DHCP 并且使用了一个与公司总部不同的子网。需要确保便携计算机可以同时连接公司总部和分支机构的网络资源。应该如何配置每个便携式计算机？（　　）

A. 在分支机构使用一个静态 IPv4 地址的范围

B. 使用一个公司总部使用的 IP 地址范围的备用配置

C. 使用一个 DHCP 服务器分配的 IP 地址作为静态 IP 地址

D. 使用一个分支机构使用的 IP 地址范围的备用配置

【解析】进行移动办公，难免要修改 IP 地址配置，网络如今提供基于 DHCP 的动态 IP 地址服务，TCP/IP 的"备用配置"就能够协助用户简单地完成网络间 IP 地址配置的切换，而不需要经常修改 IP 地址配置。IP 地址备用配置如图 1-3-5 所示。

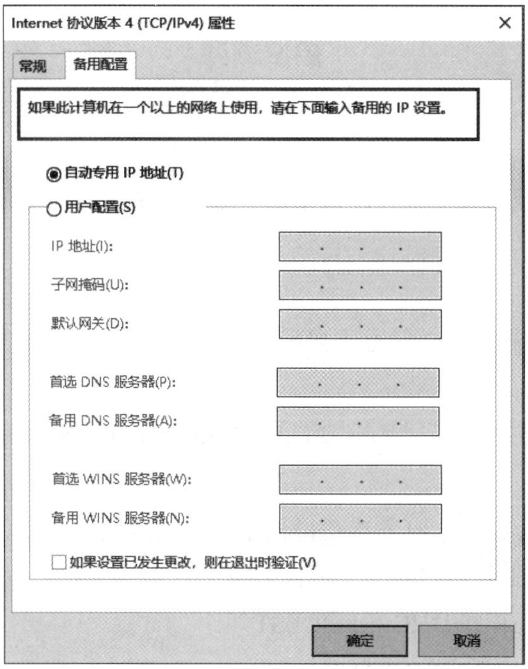

图 1-3-5 IP 地址备用配置

【答案】D

【案例 1-3-2】 VTP 属于 OSI 参考模型的第几层协议？（　　）

A. 第一层   B. 第二层

C. 第三层   D. 第四层及以上

【解析】VTP 是 OSI 参考模型第二层的通信协议，主要用于管理在同一个域内 VLAN 的建立、删除和重命名。VTP 也被称为虚拟局域网干道协议，是思科专用协议。

【答案】B

【案例 1-3-3】 EtherChannel 具有哪两项优势？（　　）

A. 配置 EtherChannel 接口能够让物理链路的配置保持一致。

B. 配置为不同 EtherChannel 的链路上可以实现负载均衡。

C. EtherChannel 使用升级的物理链路来提供更大的带宽。

D. 将 EtherChannel 中的物理链路视为一个逻辑连接。

【解析】链路聚合是通过 EtherChannel 协议实现的。EtherChannel 在以太网交换机到以太网交换机、以太网交换机到路由器之间提供冗余的、高速的连接方式，简单地说就是将两个设备间多条 FE 或 GE 物理链路捆绑在一起组成一条设备间逻辑链路，从而达到增加带宽、提供冗余的目的。构成 EtherChannel 的端口必须配置成相同的特性，如采用双工模式、速度相同、同为 FE 或 GE 端口、同为本征 VLAN、VLAN 范围相同等。

【答案】AD

知识测评

一、选择题

1. 在 DHCP 作用域中为一台打印机添加一个保留地址，需要用到哪两个元素？（　　）

A. 默认网关　　　　　　　　　B. IP 地址

C. MAC 地址　　　　　　　　　D. 打印服务器名称

2. 当 DHCP 客户端第一次启动或初始化 IP 时，将（　　）报文广播发送给 DHCP 服务器。

A. DHCPDISCOVER　　　　　　B. DHCPREQUEST

C. DHCPOFFER　　　　　　　　D. DHCPACK

3. DHCP 客户端从 DHCP 服务器获得租用期限为 4 天的 IP 地址，现在是第 3 天，该 DHCP 客户端和 DHCP 服务器之间应互传什么报文？（　　）

A. DHCPDISCOVER 和 DHCPREQUEST

B. DHCPDISCOVER 和 DHCPACK

C. DHCPREQUEST 和 DHCPACK

D. DHCPDISCOVER 和 DHCPOFFER

4. 下列不属于 VTP 的 3 种模式的是（　　）。

A. 服务器模式　　　　　　　　B. 客户端模式

C. 全双工模式　　　　　　　　D. 透明模式

5. 要建立 EtherChannel 时，下面哪 3 个参数必须匹配？（　　）

A. 中继模式　　　　　　　　　B. 本征 VLAN

C. EtherChannel 模式　　　　　D. 生成树状态

E. 允许的 VLAN

二、填空题

1. DHCP 的含义是_____。

2. DHCP 服务器的主要作用是从_____为网络客户端分配 IP 地址。

3. VTP 的 3 种模式都正常的功能是_____。

4. 在配置以太网交换机的 VTP 时，需要将以太网交换机的级联端口配置成_____模式。

三、判断题

1. DHCP 的主要用途有两个：给内部网络或网络服务供应商自动分配 IP 地址，给用户或者内部网络管理员提供对所有计算机进行中央管理的手段。　　　　　　（　　）

2. VTP 的 3 种工作模式都可以创建和删除 VLAN。　　　　　　　　　　（　　）

3．VTP 信息宣告是低版本向高版本传递。 （　　）

4．在 VTP 透明模式下可以创建 VLAN。 （　　）

5．以太网交换机 S1、S2 之间有两条链路相连，如果捆绑在一起，成为一个逻辑聚合链路（TRUNK），可以增加带宽，但不提供冗余。 （　　）

四、简答题

1．简述 DHCP 的功能。

2．列表简述 VTP 的 3 种工作模式的特征。

五、操作题

对基于图 1-3-6 所示拓扑结构及表 1-3-7、表 1-3-8 所示设备信息的网络，请按照以下要求完成配置。

（1）在以太网交换机 S1 中已经正确配置 DHCP 服务，但是 PC 无法获取 IP 地址。

（2）请查看 VTP 配置、端口配置及聚合链路配置，修改配置参数，使 PC 都可以正确获取 IP 地址。

（3）注意：PC10 属于 VLAN10，PC20 属于 VLAN20，PC30 属于 VLAN30；链路聚合模式应该选择强制模式。

（4）查看 PC10、PC20 与 PC30 获得的 IP 地址信息。

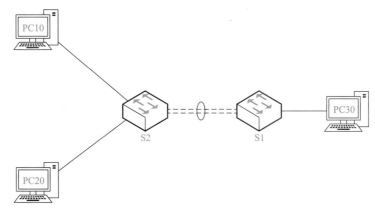

图 1-3-6　以太网交换机常用技术配置纠错

【设备信息】

表 1-3-7　设备端口连接

设备名称	端口	设备名称	端口
S1	G0/1-2	S2	G0/1-2
S1	Fa0/2	PC30	Fa0
S2	Fa0/2	PC10	Fa0
S2	Fa0/3	PC20	Fa0

表 1-3-8 设备端口地址

设备名称	端口	IP 地址	网关地址
S1	VLAN 10	192.168.10.1/24	—
S1	VLAN 20	192.168.20.1/24	—
S1	VLAN 30	192.168.30.1/24	—

1.4　VLAN 间通信配置

学习目标

● 理解划分 VLAN 的好处。

● 理解 VLAN 之间报文转发的必要性。

● 熟练掌握通过路由器实现 VLAN 之间报文转发的方法。

● 熟练掌握通过三层交换机实现 VLAN 之间报文转发的方法。

● 多维度学习 VLAN 间通信技术，凝练创新学习模式，提高学习效率。

内容梳理

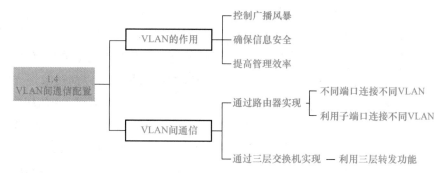

知识概要

前面介绍了 VLAN 的创建及端口加入 VLAN 的方法、不同以太网交换机之间相同 VLAN 的通信，以及通过 STP 实现 VLAN 的根桥管理等内容。接下来需要进一步认识 VLAN，明确划分 VLAN 的必要性，掌握 VLAN 间通信等知识与技能。

（1）以太网交换机为什么要划分 VLAN？

VLAN 最大的好处就是可以隔离冲突域和广播域。试想，如果一个局域网内有上百台主机，一旦产生广播风暴，那么这个网络就会彻底瘫痪。可以通过划分 VLAN 使广播被限制在每一个 VLAN 里面，而不会跨 VLAN 传播。不同 VLAN 之间的成员在没有三层路由的前提下是不能互访的，这也是出于安全的考虑。划分 VLAN 的另一个好处是管理灵活。当一个用户需要切换到另一个网络时，只需要更改以太网交换机的 VLAN 划分即可，而不用更换端口和连线。

（2）如何实现 VLAN 间通信？

可以通过路由器或三层交换机实现 VLAN 间通信。

使用路由器实现 VLAN 间通信的连接方式有两种。第一种是通过路由器的不同物理端口与以太网交换机上的每个 VLAN 分别连接。第二种是通过路由器的逻辑子端口与以太网交换机的各个 VLAN 连接。

①通过路由器的不同物理端口与以太网交换机上的每个 VLAN 分别连接。这种连接方式的优点是管理简单，缺点是网络扩展难度大。每增加一个新的 VLAN，都需要消耗路由器的端口和以太网交换机上的访问链接，还需要重新布设一条网线。而路由器通常不会带有太多 LAN 端口。新建 VLAN 时，为了对应增加的 VLAN 所需的端口，就必须将路由器升级成带有多个 LAN 端口的高端产品，这部分成本以及重新布线的开销都使这种接线方法成为一种不受欢迎的方法。

②通过路由器的逻辑子端口与以太网交换机的各个 VLAN 连接。这种连接方式要求路由器和以太网交换机的端口都支持汇聚链接，且双方用于汇聚链路的协议自然也必须相同。接着在路由器上定义对应各个 VLAN 的逻辑子端口，如 Fa0/1.1 和 Fa0/1.2。由于这种方式是靠在一个物理端口上设置多个逻辑子端口的方式实现网络扩展，所以网络扩展比较容易且成本较低，只是路由器的配置要复杂一些。

在实际应用中，除了路由器可以实现 VLAN 间通信，三层交换机也可以代替路由器实现 VLAN 间通信。三层交换机同时具有二层转发和三层转发功能，同一个 VLAN 的报文可以通过三层交换机进行二层转发，不同 VLAN 之间的报文可以通过三层交换机进行三层转发。三层交换机进行三层转发的关键就是在每个 VLAN 的基础上虚拟出一个 vlanif 端口，并配上 IP 地址，从而实现三层转发。目前市场上有许多三层（以上的）交换机，在这些交换机中，厂家通过硬件或软件的方式将路由功能集成到以太网交换机中。三层交换机主要用于园区网中，园区网中的路由比较简单，但要求数据交换的速度较快，因此在大型园区网中用三层交换机代替路由器已是不争的事实。用三层交换机代替路由器实现 VLAN 间通信的方式也有两种：其一，是启用三层交换机的路由功能，这种方式的实现方法可采用以上介绍的路由器方式的任一种；其二，是利用某些高端交换机所支持的专用 VLAN 功能来实现 VLAN 间通信。

✅ 应知应会

为了更好地掌握 VLAN 间通信的职业技能，接下来通过案例分别在路由器和三层交换机上实现 VLAN 间通信功能。

【例 1-4-1】 对基于图 1-4-1 所示拓扑结构及表 1-4-1、表 1-4-2 所示设备信息的网络，完成基于路由器不同端口的 VLAN 间通信。请按照以下要求完成配置。

（1）设备名称已正确配置。

（2）在路由器 R1 上，根据连接 VLAN 正确配置 IP 地址。

（3）在交换机 S1 中，创建 VLAN10，名称为 VLAN10，同时把连接 PC10 和路由器的端口加入 VLAN10。

（4）在交换机 S2 中，创建 VLAN20，名称为 VLAN20，同时把连接 PC20 和路由器的端口加入 VLAN10。

（5）测试 PC10 与 PC20 之间的通信。

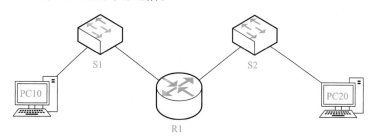

图 1-4-1　基于路由器不同端口实现 VLAN 间通信

【设备信息】

表 1-4-1　设备端口连接

设备名称	端口	设备名称	端口
R1	Fa0/0	S1	Fa0/24
R1	Fa0/1	S2	Fa0/24
S1	Fa0/1	PC10	Fa0
S2	Fa0/1	PC20	Fa0

表 1-4-2　设备端口地址

设备名称	端口	IP 地址	网关地址
R1	Fa0/0	192.168.10.254/24	—
R1	Fa0/1	192.168.20.254/24	—
PC10	NIC	192.168.10.1/24	192.168.10.254
PC20	NIC	192.168.20.1/24	192.168.20.254

【配置信息】

STEP 1：配置路由器 R1。

```
interface FastEthernet0/0
    ip address 192.168.10.254 255.255.255.0
    no shutdown
interface FastEthernet0/1
    ip address 192.168.20.254 255.255.255.0
    no shutdown
```

STEP 2: 配置交换机 S1。

```
VLAN 10
    Name VLAN10
interface FastEthernet0/1
    switchport mode access
    switchport access VLAN10
interface FastEthernet0/24
    switchport mode access
    switchport access VLAN10
```

STEP 3: 配置交换机 S2。

```
VLAN 20
    Name VLAN20
interface FastEthernet0/1
    switchport mode access
    switchport access VLAN20
interface FastEthernet0/24
    switchport mode access
    switchport access VLAN20
```

STEP 4: 配置 PC10 和 PC20 的 IP 地址。

```
#PC10 的 IP 地址
IP Address.....................:192.168.10.1
Subnet Mask....................:255.255.255.0
Default Gateway................:192.168.10.254
#PC20 的 IP 地址
IP Address.....................:192.168.20.1
Subnet Mask....................:255.255.255.0
Default Gateway................:192.168.20.254
```

STEP 5: 测试 PC10 和 PC20 之间的通信。

```
#PC10 主机 ping PC20 主机
C:\>ping 192.168.20.1
Reply from 192.168.20.1:bytes=32 time<1ms TTL=127
Reply from 192.168.20.1:bytes=32 time<1ms TTL=127
Reply from 192.168.20.1:bytes=32 time<1ms TTL=127
Reply from 192.168.20.1:bytes=32 time<1ms TTL=127
```

为了保障读者的学习效果，编者制作了 PKA 文件，以方便读者自主学习。

【例 1-4-2】 对基于图 1-4-2 所示拓扑结构及表 1-4-3、表 1-4-4 所示设备信息的网络，完成基于路由器子端口的 VLAN 间通信。请按照以下要求完成配置。

（1）设备名称已正确配置。

（2）在路由器 R1 上正确配置子端口的 IP 地址。

（3）在交换机 S1 中，创建 VLAN10、VLAN20，相应名称为 VLAN10、VLAN20，同时把连接 PC10、PC20 的端口分别加入 VLAN10、VLAN20。

（4）在交换机 S1 中，将连接路由器 R1 的端口配置为 TRUNK。

（5）测试 PC10 与 PC20 之间的通信。

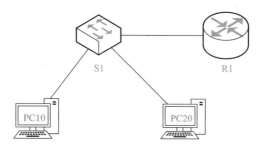

图 1-4-2 基于路由器子端口的 VLAN 间通信

【设备信息】

表 1-4-3 设备端口连接

设备名称	端口	设备名称	端口
R1	Fa0/0	S1	Fa0/24
S1	Fa0/1	PC10	Fa0
S1	Fa0/2	PC20	Fa0

表 1-4-4 设备端口地址

设备名称	端口	IP 地址	网关地址
R1	Fa0/0.10	192.168.10.254/24	—
R1	Fa0/0.20	192.168.20.254/24	—
PC10	NIC	192.168.10.1/24	192.168.10.254
PC20	NIC	192.168.20.1/24	192.168.20.254

【配置信息】

STEP 1: 配置路由器 R1。

```
interface FastEthernet0/0
    no shutdown
interface FastEthernet0/0.10
    encapsulation dot1Q 10
```

```
    ip address 192.168.10.254 255.255.255.0
interface FastEthernet0/0.20
    encapsulation dot1Q 20
    ip address 192.168.20.254 255.255.255.0
```

STEP 2：配置交换机 S1。

```
interface FastEthernet0/1
    switchport mode access
    switchport access VLAN10
interface FastEthernet0/2
    switchport mode access
    switchport access VLAN20
interface FastEthernet0/24
    switchport mode trunk
```

STEP 3：完成 PC10 和 PC20 的 IP 地址配置，测试连通性。

```
# 测试 PC10 主机 ping 主机 PC20
C:\>ping 192.168.20.1
Reply from 192.168.20.1:bytes=32 time<1ms TTL=127
Reply from 192.168.20.1:bytes=32 time<1ms TTL=127
Reply from 192.168.20.1:bytes=32 time<1ms TTL=127
Reply from 192.168.20.1:bytes=32 time<1ms TTL=127
```

为了保障读者的学习效果，编者制作了 PKA 文件，以方便读者自主学习。

【例 1-4-3】 对基于图 1-4-3 所示拓扑结构及表 1-4-5、表 1-4-6 所示设备信息的网络，完成基于三层交换机的 VLAN 间通信。请按照以下要求完成配置。

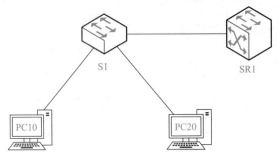

图 1-4-3　基于三层交换机的 VLAN 间通信

（1）设备名称已正确配置。

（2）在三层交换机 SR1 中，正确配置 VLAN 的 IP 地址。

（3）在三层交换机 SR1 中，创建 VLAN10、VLAN20，相应名称为 VLAN10、VLAN20，同时按要求正确配置 IP 地址。

（4）在三层交换机 SR1 中，启用路由功能。

（5）在交换机 S1 中，创建 VLAN10、VLAN20，相应名称为 VLAN10、VLAN20，同时把连接 PC10、PC20 的端口分别加入 VLAN10、VLAN20。

（6）把三层交换机 SR1 与交换机 S1 的连接端口配置为 TRUNK。

（7）测试 PC10 与 PC20 之间的通信。

【设备信息】

表 1-4-5　设备端口连接

设备名称	端口	设备名称	端口
SR1	Fa0/24	S1	Fa0/24
S1	Fa0/1	PC10	Fa0
S1	Fa0/2	PC20	Fa0

表 1-4-6　设备端口地址

设备名称	端口	IP 地址	网关地址
SR1	VLAN10	192.168.10.254/24	—
SR1	VLAN20	192.168.20.254/24	—
PC10	NIC	192.168.10.1/24	192.168.10.254
PC20	NIC	192.168.20.1/24	192.168.20.254

【配置信息】

STEP 1: 配置三层交换机 SR1。

```
VLAN10
    Name VLAN10
VLAN20
    Name VLAN20
ip routing
interface FastEthernet0/24
    switchport mode access
    switchport mode trunk
interface VLAN10
    ip address 192.168.10.254 255.255.255.0
interface VLAN20
    ip address 192.168.20.254 255.255.255.0
```

STEP 2: 配置三层交换机 S1。

```
VLAN10
    Name VLAN10
```

VLAN20

    Name VLAN20

interface FastEthernet0/1

    switchport mode access

    switchport access VLAN10

interface FastEthernet0/2

    switchport mode access

    switchport access VLAN20

interface FastEthernet0/24

    switchport mode trunk

STEP 3: 正确配置 PC10 和 PC20 的 IP 地址，测试连通性。

C:\>ping 192.168.20.1

Reply from 192.168.20.1:bytes=32 time<1ms TTL=127

Reply from 192.168.20.1:bytes=32 time<1ms TTL=127

Reply from 192.168.20.1:bytes=32 time<1ms TTL=127

Reply from 192.168.20.1:bytes=32 time=17ms TTL=127

为了保障读者的学习效果，编者制作了 PKA 文件，以方便读者自主学习。

典型案例

【案例 1-4-1】 下列哪些方法可以实现 VLAN 间通信?（　　）

A．通过路由器的不同物理端口与交换机上的每个 VLAN 分别连接。

B．通过路由器的逻辑子端口与交换机的各个 VLAN 连接。

C．用三层交换机代替路由器实现 VLAN 间通信。

D．用二层交换机实现 VLAN 间通信。

【解析】可以通过路由器或三层交换机实现 VLAN 间通信。使用路由器实现 VLAN 间通信的连接方式有两种。第一种是通过路由器的不同物理端口与三层交换机上的每个 VLAN 分别连接。第二种是通过路由器的逻辑子端口与三层交换机的各个 VLAN 连接。

【答案】ABC

【案例 1-4-2】 下列哪项是三层交换机启动路由功能。（　　）

A．route   B．ip address

C．ip routing   D．no switchport

【解析】配置三层交换机启动路由功能：ip routing。路由器的 ip routing 是默认启用的，关闭 ip routing 之后，可以把路由器当作一台主机使用。

【答案】C

知识测评

一、选择题

1. 在三层交换机中，下列哪个命令将端口配置为三层模式？（ ）

A. no switchport

B. ip routing

C. ip address

D. no shutdown

2. 一个不带 TAG 的数据帧进入 TRUNK 类型端口会被怎样处理？（ ）

A. 丢弃

B. 打上默认 VLAN ID 进行转发

C. 向除了 pVLAN 之外的所有 VLAN 转发

D. 向所有 VLAN 端口转发

3. 交换机 S1 的端口 Fa0/24 已经配置成为 TRUNK 端口类型。如果要使此端口只允许 VLAN2 和 VLAN3 的数据通过，则需要使用下列哪个命令？（ ）

A. switchport trunk native vlan 2

B. switchport trunk native vlan 3

C. switchport trunk allowed vlan 2，3

D. switchport trunk encapsulation dot1q

4. TRUNK 功能用于（ ）之间的级联，通过牺牲端口数为交换机之间的数据交换提供捆绑的大带宽，提高网络速度，突破网络瓶颈，进而大幅提高网络性能。

A. 路由器

B. 交换机

C. 集线器

D. 传输设备

5. 在交换机的 TRUNK 端口发送数据帧时（ ）。

A. 当 VLAN ID 与端口的 PVID 不同，丢弃数据帧

B. 当 VLAN ID 与端口的 PVID 不同，替换为 PVID 转发

C. 当 VLAN ID 与端口的 PVID 不同，剥离 TAG 转发

D. 当 VLAN ID 与端口的 PVID 相同，且是该端口允许通过的 VLAN ID 时，去掉 TAG，发送该报文

二、填空题

1. 两台交换机通过一条线路连接，要使不同的 VLAN 通过该线路，则该线路端口需要配置为_____。

2. 要使 TRUNK 线路增加 VLAN3，可以使用的命令是：_____。

3. _____的意思是虚拟局域网的 ID 号；_____则是 port VID，_____是端口的 VLAN ID。

三、判断题

1. 把一台路由器的 ip routing 关闭，同时配置默认网关，就可以把路由器看作 PC。
（　　）

2. TRUNK 端口的 PVID 值不可以修改。（　　）

3. TRUNK 端口可以属于多个 VLAN，默认 VLAN 就是它所在的 PVLAN。（　　）

4. 实现多个交换机之间相同 VLAN 的通信有两种方法，分别是多个交换机之间的每一对相同的 VLAN 都用一条线路连接和交换机之间用一条线路连接，这条线路能同时承载多个 VLAN 的数据。（　　）

四、简答题

1. 简述 VLAN 间通信的实现方法。

2. 简述交换机各端口收发数据的区别。

五、操作题

对基于图 1-4-4 所示拓扑结构及表 1-4-7、表 1-4-8 所示设备信息的网络，完成基于三层交换机的 VLAN 间通信。请按照以下要求完成配置。

（1）设备名称已正确配置。

（2）管理员完成配置后无法实现 PC1 与 PC2 的通信，进行纠错，实现基于三层交换机的 VLAN 间通信。

（3）测试 PC1 与 PC2 之间的通信。

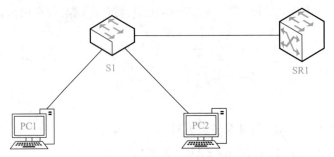

图 1-4-4　基于三层交换机的 VLAN 间通信纠错

【设备信息】

表 1-4-7　设备端口连接

设备名称	端口	设备名称	端口
SR1	Fa0/24	S1	Fa0/24
S1	Fa0/1	PC1	Fa0
S1	Fa0/2	PC2	Fa0

表 1-4-8　设备端口地址

设备名称	端口	IP 地址	网关地址
SR1	VLAN10	192.168.10.254/24	—
SR1	VLAN20	192.168.20.254/24	—
PC1	NIC	192.168.10.1/24	192.168.10.254
PC2	NIC	192.168.20.1/24	192.168.20.254

1.5 单元测试

【知识测评】

一、选择题

1. 假设已经成功在以太网交换机 S1 中创建了 VLAN10，下列哪个命令可以删除 VLAN10？（　　）

    A．no vlan 10　　　　　　　　　　B．vlan 10 name VLAN10

    C．switchport access vlan 10　　　　D．no switchport access vlan 10

2. 在以太网交换机中，全局模式执行 default interface fastEthernet 0/1 的作用是（　　）。

    A．查看 VLAN　　　　　　　　　　B．在以太网交换机端口加入 VLAN

    C．还原端口为默认配置　　　　　　D．创建 VLAN 的方法

3. 在以太网交换机中，中继端口配置模式执行 switchport trunk allowed vlan add 10 的作用是（　　）。

    A．当前端口加入 VLAN 10

    B．当前端口允许 VLAN 10 的数据通过

    C．当前端口拒绝 VLAN 10 的数据通过

    D．删除当前交换机的 VLAN 10

4. 在 STP 中，假设所有以太网交换机配置的优先级相同，以太网交换机 1 的 MAC 地址为 00-E0-FC-00-00-40，以太网交换机 2 的 MAC 地址为 00-E0-FC-00-00-10，以太网交换机 3 的 MAC 地址为 00-E0-FC-00-00-20，以太网交换机 4 的 MAC 地址为 00-E0-FC-00-00-80，则根桥应当为（　　）。

    A．以太网交换机 1　　　　　　　　B．以太网交换机 2

    C．以太网交换机 3　　　　　　　　D．以太网交换机 4

5. DHCP 提供了 3 种机制分配 IP 地址，下列哪一种不是？（　　）

    A．自动分配方式　　　　　　　　　B．动态分配方式

    C．手工分配方式　　　　　　　　　D．静态分配方式

二、填空题

1. 请完成下列配置过程，创建一个名称为 V2，ID 为 2 的 VLAN 的配置（注意：填写命令不能采用缩写）。

        S2#_____（进入 VLAN 配置模式）

        S2（vlan）#_____（创建 VLAN2，并且命名为 V2）

        S2（vlan）#_____（退出 VLAN 配置模式）

2．LACP 是基于 IEEE802.3ad 标准实现_____汇聚的协议。

3．以太网交换机 VTP 模式中允许_____和_____可以配置 VLAN。

4．_____是指多个以太网交换机共同侦测到 LAN 拓扑发生了某些变化，将相应端口变为阻塞状态或者转发状态的过程。

三、判断题

1．以太网交换机支持不同速率端口之间进行数据帧直接转发。　　　　　　（　　）

2．以太网交换机的报文过滤只能根据源端口和目的端口进行。　　　　　　（　　）

3．以太网交换机泛洪和选择性转发的工作过程一模一样。　　　　　　　　（　　）

4．在以太网交换机中，命令 switchport mode trunk 可以实现永久的中继模式，并可向对方发送 DTP 请求。　　　　　　　　　　　　　　　　　　　　　　　　　（　　）

5．DHCP 有 3 种分配 IP 地址的机制，其中自动分配方式可以重复使用 DHCP 客户端不再需要的地址。　　　　　　　　　　　　　　　　　　　　　　　　　　（　　）

四、简答题

1．什么是 VLAN？ VLAN 的优点是什么？

2．简述生成树的形成过程。

五、操作题

1．对基于图 1-5-1 所示拓扑结构及表 1-5-1、表 1-5-2 所示设备信息的网络，请按照以下要求完成配置。

（1）采用 Console 口配置方式。

（2）根据设备信息修改主机名。

（3）正确配置网络设备的 IP 地址。

（4）在以太网交换机 S1 中配置本地用户名为 user01，口令为 cisco。

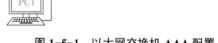

图 1-5-1　以太网交换机 AAA 配置

（5）启用 AAA 认证。

（6）接口 VTY 和 enable 都开启本地 AAA 认证（名称都使用 default）。

（7）测试 PC1 是否可以 Telnet 以太网交换机 S1。

【设备信息】

表 1-5-1　设备端口连接

设备名称	端口	设备名称	端口
S1	Fa0/1	PC1	Fa0

表 1-5-2　设备端口地址

设备名称	端口	IP 地址	网关地址
S1	VLAN 1	192.168.1.1/24	—
PC1	NIC	192.168.1.10/24	—

2．对基于图 1-5-2 所示拓扑结构及表 1-5-3、表 1-5-4 所示设备信息的网络，请按照以下要求完成配置。

（1）设备主机名和 IP 地址已经正确配置。

（2）在所有以太网交换机中创建 VLAN 10、VLAN20、VLAN30。

（3）以太网交换机 S3 和 S4 的 Fa0/1 划分为 VLAN10，Fa0/2 划分为 VLAN20，Fa0/3 划分为 VLAN30。

（4）所有以太网交换机之间连接端口全部为 TRUNK 端口。

（5）强制配置以太网交换机 S1 为 VLAN10、VLAN20、VLAN30 的根桥。

（6）通过修改开销值（设定为 3 000），实现 S2 与 S1 连接的端口为 VLAN10、VLAN30 阻塞端口，S3 与 S1 连接的端口为 VLAN20 的阻塞端口。

（7）以太网交换机 S2 和 S4 之间的链路只允许 VLAN10、VLAN20、VLAN30 的数据通过，并且本征 VLAN 为 VALN10。

（8）以太网交换机 S2 连接 S4 启用端口安全，最大 MAC 地址数为 6，违反规则时丢弃未允许的 MAC 地址流量，创建日志消息并发送 SNMP Trap 消息。

（9）测试 PC11 与 PC12、PC21 与 PC22、PC31 与 PC32 的连通性，注意顺序。

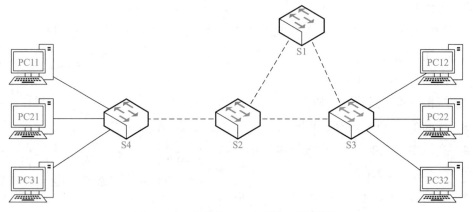

图 1-5-2　交换机 STP 与端口安全配置

【设备信息】

表 1-5-3　设备端口连接

设备名称	端口	设备名称	端口
S1	Fa0/22	S2	Fa0/22
S1	Fa0/23	S3	Fa0/23
S2	Fa0/21	S3	Fa0/21
S2	Fa0/24	S4	Fa0/24
S4	Fa0/1	PC11	Fa0
S4	Fa0/2	PC21	Fa0

续表

设备名称	端口	设备名称	端口
S4	Fa0/3	PC31	Fa0
S3	Fa0/1	PC12	Fa0
S3	Fa0/2	PC22	Fa0
S3	Fa0/3	PC32	Fa0

表 1-5-4　设备端口地址

设备名称	端口	IP 地址	网关地址
PC11	NIC	192.168.10.11/24	—
PC21	NIC	192.168.20.21/24	—
PC31	NIC	192.168.30.31/24	—
PC12	NIC	192.168.10.12/24	—
PC22	NIC	192.168.20.22/24	—
PC32	NIC	192.168.30.32/24	—

3. 对基于图 1-5-3 所示拓扑结构及表 1-5-5、表 1-5-6 所示设备信息的网络，请按照以下要求完成配置。

（1）设备名称正确配置。

（2）路由器 R1 的 IP 地址已经正确配置。

（3）在以太网交换机 S1 中，创建 VLAN30，名称为 VLAN30，同时把 Fa0/1 和 F0/24 加入 VLAN30。

（4）在以太网交换机 S1 中，VLAN30 配置 IP 地址为 192.168.30.1/24，默认网关地址为 192.168.30.254。

（5）在以太网交换机 S1 中，启动 DHCP 服务，并且分别为 VLAN10、VLAN20、VLAN30 创建 DHCP 服务，地址范围为 100 ～ 150，IP 地址池名称分别为 p10、p20、p30，网关地址为路由器相应端口地址。

（6）在以太网交换机 S2、S3、S4 中启用 VTP，其中 S2 是服务器模式，S3 是客户端模式，S4 是透明模式，域名为 cisco.cn，密码为 cisco，版本为 2。

（7）在以太网交换机 S2 中，所有连接网络设备端口都配置为 TRUNK。

（8）在以太网交换机 S3 中，把 Fa0/10 加入 VLAN10。

（9）在以太网交换机 S4 中，创建 VLAN 20，名称为 VLAN20，把 Fa0/20 加入 VLAN20。

（10）在以太网交换机 S2 与 S3 中，把连接链路聚合编号为 2，聚合模式为 on，负载均衡为 dst-mac。

（11）在以太网交换机 S2 中，强制其为根桥。

（12）以太网交换机 VLAN 需要配置 IP 地址时，都配置第一个或第二个有效 IP 地址。

（13）使用相关技术保证 PC10、PC20、PC30 可以动态获取 IP 地址。

（14）查看 PC10、PC20 与 PC30 获得的 IP 地址信息。

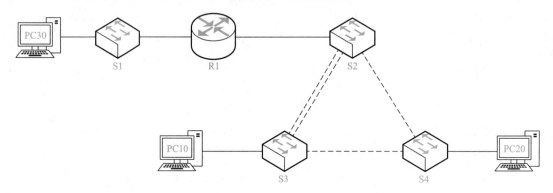

图 1-5-3　DHCP 配置

【设备信息】

表 1-5-5　设备端口连接

设备名称	端口	设备名称	端口
R1	Fa0/0	S1	Fa0/24
R1	Fa0/1	S2	Fa0/24
S1	Fa0/1	PC30	Fa0
S2	G0/1-2	S3	G0/1-2
S2	Fa0/23	S4	Fa0/23
S3	Fa0/24	S4	Fa0/24
S3	Fa0/10	PC10	Fa0
S4	Fa0/20	PC20	Fa0

表 1-5-6　设备端口地址

设备名称	端口	IP 地址	网关地址
S1	VLAN 30	192.168.30.1/24	192.168.30.254
S2	VLAN 10	192.168.10.1/24	—
S2	VLAN 20	192.168.20.1/24	—
S3	VLAN 10	192.168.10.2/24	—

单元2

路　由

导读

　　路由是指路由器从一个端口上收到数据包，根据数据包的目的 IP 地址进行定向并转发到另一个端口的过程。路由器通过路由决定数据的转发。在路由器中保存着各种传输路径的相关数据——路由表（Routing Table），供路由选择时使用、路由表中包含的信息决定了数据转发的策略。路由表主要通过静态手动配置和动态自动学习两种方式建立。本单元将介绍静态路由和动态路由的 RIP、OSPF 协议。

2.1 静态路由

学习目标

● 理解静态路由、默认路由、浮动路由的原理。
● 掌握静态路由的配置方法和技巧。
● 能够区分静态路由描述转发路径的两种方式的区别。
● 掌握默认路由、浮动路由的配置方法。

内容梳理

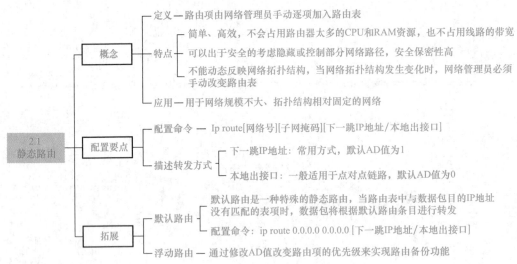

知识概要

    路由器的主要作用就是为经过路由器的每个数据包寻找一条最佳传输路径，并将该数据包有效地传送到目的站点。路由器中保存着各种传输路径的相关数据（路由表）供路由选择时使用。静态路由是一种由管理员手动添加路由表项的方式，具有简单、高效、安全的特点。

1. 路由器如何建立路由

    转发数据包是路由器的最主要功能，路由器在转发数据包时，要先在路由表中查找相应的路由。路由器通过3种途径建立路由。

（1）直连路由：路由器自动获取的和路由器直接连接的网络的路由。

（2）静态路由：管理员手动输入路由器的路由。

（3）动态路由：由路由协议（routing protocol）动态建立的路由。

2. 静态路由的概念

路由项由网络管理员手动逐项加入路由表，这就是静态路由。静态路由是固定的，不能对网络的改变做出反应。一般来说，静态路由用于网络规模不大、拓扑结构相对固定的网络。

3. 静态路由的特点

（1）简单、高效，不会占用路由器太多的 CPU 和 RAM 资源，也不占用线路的带宽。

（2）可以出于安全的考虑隐藏或控制部分网络路径，安全保密性高。

（3）缺点：不能动态反映网络拓扑结构，当网络拓扑结构发生变化时，网络管理员必须手动改变路由表。

4. 默认路由与浮动路由

默认路由是一种特殊的静态路由，当路由表中与数据包目的 IP 地址没有匹配的表项时，数据包将根据默认路由条目进行转发。默认路由在某些时候是非常有效的，例如在末梢网络中，默认路由可以大大简化路由器的配置，减轻网络管理员的工作负担。

当网络中存在多条相同路由前缀时，会优先选取管理距离（AD）值（路由可信度，值越小，路由越优先）小的路由为主用路由，AD 值大的路由为备份路由。当主用路由的下一跳不可达时，主用路由消失，备用路由生效并切换为主用路由。当网络中有多条路径到达目的网络时，可以通过配置多条静态路由，修改静态路由的 AD 值，来实现路由线路的备份，该功能即浮动路由。

应知应会

1. 静态路由配置

（1）静态路由命令格式：

Router（config）#ip route［网络号］［子网掩码］［网关地址／本地接口］

【例 2-1-1】　ip route 192.168.10.0 255.255.255.0 172.16.2.1

【例 2-1-2】　ip route 192.168.10.0 255.255.255.0 serial 1

静态路由描述转发路径的方式有两种，一是指向下一跳 IP 地址（如例 2-1-1）；二是指向本地出接口（如例 2-2-2）。在以太网线路中，需要解析每个目的地址的 ARP 信息，若在网络出口配置默认路由，下一跳为本地出接口，则会有大量的地址解析，占用大量的 ARP 表，若对方关闭 ARP 代理功能，甚至会导致网络不通。若配置为下一跳 IP 地址，则为普通的递归路由。建议在以太网线路中配置静态路由的时候，配置为下一跳 IP 地址，若在网络出口配置默认路由，切勿配置为本地出接口。对于 PPP、HDLC 广域网线路，静态路由配置为本地出接口和下一跳 IP 地址均可以，因为 PPP、HDLC 为点到点线路，不涉及二层地址解析。

静态路由的下一跳配置为本地出接口，则认为该静态路由为直连路由，默认 AD 值为 0；若下一跳配置为下一跳的 IP 地址，则认为该静态路由为普通递归路由，默认 AD 值为 1。

（2）查看静态路由。

配置完静态路由后可在路由表中查看，如：

```
Router#show ip route
Codes:C-connected,S-static,I-IGRP,R-RIP,M-mobile,B-BGP
        D-EIGRP,EX-EIGRP external,O-OSPF,IA-OSPF inter area
        N1-OSPF NSSA external type 1,N2-OSPF NSSA external type 2
        E1-OSPF external type 1,E2-OSPF external type 2,E-EGP
        i-IS-IS,L1-IS-IS level-1,L2-IS-IS level-2,ia-IS-IS inter area
        *-candidate default,U-per-user static route,o-ODR
        P-periodic downloaded static route

Gateway of last resort is not set

C     192.168.1.0/24 is directly connected,FastEthernet0/0
S     192.168.2.0/24 is directly connected,FastEthernet0/0
S     192.168.3.0/24 [1/0] via 192.168.1.2
```

以上面带有下划线的路由项为例进行说明。

① "S" 表示这条路由是手动配置静态路由得到的。

② "192.168.2.0/24" 和 "192.168.3.0/24" 是目的网络 IP 地址。

③ "is directly connected" 表示 AD 值等同于直连路由；[1/0] 代表 AD 值为 1，度量值为 0；

④ "FastEthernet0/0" 指到达目的网络的本地路由器出接口，"via 192.168.1.2" 指到达目的网络的下一跳路由器的 IP 地址。

【例 2-1-3】 对基于图 2-1-1 所示拓扑结构及表 2-1-1、表 2-1-2 所示设备信息的网络，使用静态路由配置网络连通性。

（1）根据设备信息修改主机名，配置 IP 地址。

（2）使用静态路由协议在 R1 上添加 PC2 网段路由（下一跳 IP 地址方式）。

（3）使用静态路由协议在 R2 上添加 PC1 网段路由（本地出接口方式）。

（4）测试 PC1 与 PC2 的连通性，并查看 R1、R2 路由表中的静态路由条目。

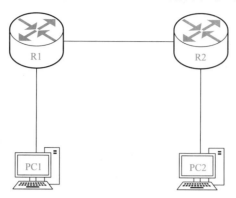

图 2-1-1 静态路由协议

【设备信息】

表 2-1-1 设备端口连接

设备名称	端口	设备名称	端口
R1	Fa0/0	R2	Fa0/0
R1	Fa0/1	PC1	Fa0
R2	Fa0/1	PC2	Fa0

表 2-1-2 设备端口地址

设备名称	端口	IP 地址
R1	Fa0/0	192.168.3.1/24
R1	Fa0/1	192.168.1.10/24
R2	Fa0/0	192.168.3.2/24
R2	Fa0/1	192.168.2.10/24
PC1	NIC	192.168.1.1/24
PC2	NIC	192.168.2.1/24

【配置信息】

STEP 1: 根据设备信息修改主机名，配置 IP 地址。

略。

STEP 2: 配置路由器 R1 的静态路由。

```
R1 (config)#ip route 192.168.2.0 255.255.255.0 192.168.3.2
```

配置说明：目的 IP 地址是 192.168.2.0/24 的数据包，转发给 192.168.3.2。

STEP 3: 配置路由器 R2 的静态路由。

```
R2 (config)#ip route 192.168.1.0 255.255.255.0 f0/0
```

配置说明：目的 IP 地址是 192.168.1.0/24 的数据包，从 Fa0/0 转发给下一跳路由器。

【配置验证】

STEP 1: 在 PC 上 ping 对端的 IP 地址，若能 ping 通，代表网络连通正常。

STEP 2: 使用命令 show ip route 查看路由条目。

在路由器 R1 中查看路由表，查看到如下的路由条目：

```
S    192.168.2.0/24 [1/0] via 192.168.3.2
```

在路由器 R2 中查看路由表，查看到如下的路由条目：

```
S    192.168.1.0/24 is directly connected,FastEthernet0/0
```

对比两个路由器上的两条静态路由，路由器 R1 使用下一跳 IP 地址来描述转发路径的 AD 值为 1，路由器 R2 使用出接口方式描述的转发路径等同于直连路由，AD 值为 0。

2. 默认路由配置

静态路由命令格式：

```
Router (config)#ip route 0.0.0.0 0.0.0.0 [ 网关地址 / 本地接口 ]
```

【例 2-1-4】ip route 0.0.0.0 0.0.0.0 172.16.2.1

【例 2-1-5】ip route 0.0.0.0 0.0.0.0 serial 1

目的 IP 地址 0.0.0.0 和子网掩码 0.0.0.0 表示匹配所有网络地址，根据最长掩码匹配原则，默认路由为路由匹配的最后选择。

【例 2-1-6】对基于图 2-1-1 所示拓扑结构及表 2-1-1、表 2-1-2 所示设备信息的网络，使用默认路由配置网络连通性。

（1）根据设备信息修改主机名，配置 IP 地址。

（2）在路由器 R1 上添加默认路由指向路由器 R2（下一跳 IP 地址方式）。

（3）在路由器 R2 上添加默认路由指向路由器 R1（下一跳 IP 地址方式）。

（4）测试 PC1 与 PC2 的连通性，并查看路由器 R1、R2 路由表中的静态路由条目。

【配置信息】

STEP 1: 根据设备信息修改主机名，配置 IP 地址。

略。

STEP 2: 配置路由器 R1 的默认路由。

```
R1 (config)#ip route 0.0.0.0 0.0.0.0 192.168.3.2
```

STEP 3: 配置路由器 R2 的默认路由。

```
R2 (config)#ip route 0.0.0.0 0.0.0.0 192.168.3.1
```

【配置验证】

STEP 1: 在 PC 上 ping 对端的 IP 地址，若能 ping 通，代表网络连通正常。

STEP 2: 使用命令 show ip route 查看路由条目。

在路由器 R1 中查看路由表，查看到如下路由条目：

```
S*   0.0.0.0/0 [1/0] via 192.168.3.2
```

在路由器 R2 中查看路由表，查看到如下路由条目：

```
S*    0.0.0.0/0 [1/0] via 192.168.3.1
```

3. 浮动路由配置

浮动路由命令格式：

Router(config)#ip route[目标网络][子网掩码][网关地址 / 本地出接口][AD 值]

－[目标网络][子网掩码][下一跳 / 本地出接口] 与静态路由参数一致

－[AD 值] 范围 1–255，路由的 AD 值越小越优先。

例如，配置相同目标网络的不同下一跳的两条路由条目，命令如下：

Router（config）#ip route 192.168.1.0 255.255.255.0 192.168.2.2 10

Router（config）#ip route 192.168.1.0 255.255.255.0 192.168.3.2 10 5

第一条默认 AD 值为 1，第二条 AD 值设置为 5，因此第一条为主路由，第二条为备用路由。

【例 2-1-7】对基于图 2-1-2 所示拓扑结构及表 2-1-3、表 2-1-4 所示设备信息的网络，路由器有两条路径可以到达目的网络，当主用线路（示例主用线路为 F0/0）失效时（接口 down 或线路断开），备用线路切换为主用线路。

（1）根据设备信息修改主机名，配置 IP 地址。

（2）使用静态路由协议在路由器 R1 上添加 PC2 网段路由，下一跳 IP 地址为192.168.3.2；再使用静态路由协议在路由器 R1 上添加 PC2 网段备用路由，下一跳 IP 地址为 192.168.4.2，AD 值为 10。

（3）使用静态路由协议在路由器 R2 上添加 PC1 网段路由，下一跳 IP 地址为192.168.3.1；再使用静态路由协议在路由器 R2 上添加 PC1 网段备用路由，下一跳 IP 地址为 192.168.4.1，AD 值为 10。

（4）测试 PC1 与 PC2 的连通性，并查看路由器 R1、R2 路由表中的静态路由条目。

（5）移除路由器 R1、R2 连接的主用线路（关闭路由器 R1 或 R2 的 Fa0/0 端口，也可实现主用线路断路），再次测试 PC1 与 PC2 的连通性，并查看路由器 R1、R2 路由表中的静态路由条目。

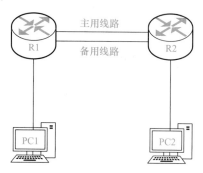

图 2-1-2　浮动路由配置

【设备信息】

表 2-1-3　设备端口连接

设备名称	端口	设备名称	端口
R1	Fa0/0	R2	Fa0/0
R1	Fa1/0	R2	Fa1/0
R1	Fa0/1	PC1	Fa0
R2	Fa0/1	PC2	Fa0

表 2-1-4　设备端口地址

设备名称	端口	IP 地址
R1	Fa0/0	192.168.3.1/24
R1	Fa1/0	192.168.4.1/24
R1	Fa0/1	192.168.1.10/24
R2	Fa0/0	192.168.3.2/24
R2	Fa1/0	192.168.4.2/24
R2	Fa0/1	192.168.2.10/24
PC1	NIC	192.168.1.1/24
PC2	NIC	192.168.2.1/24

【配置信息】

STEP 1：根据设备信息修改主机名，配置 IP 地址。

略。

STEP 2：配置路由器 R1 的默认路由。

　　R1（config）#ip route 192.168.2.0 255.255.255.0 192.168.3.2

配置说明：目的 IP 地址是 192.168.2.0/24 的数据包，转发给 192.168.3.2。

　　R1（config）#ip route 192.168.2.0 255.255.255.0 192.168.4.2 10

配置说明：目的 IP 地址是 192.168.2.0/24 的数据包，转发给 192.168.4.2，AD 值是 10（默认 AD 值为 1，越小越优先）。

STEP 3：配置路由器 R2 的默认路由。

　　R2（config）#ip route 192.168.1.0 255.255.255.0 192.168.3.1

配置说明：目的 IP 地址是 192.168.1.0/24 的数据包，转发给 192.168.3.1。

　　R2（config）#ip route 192.168.1.0 255.255.255.0 192.168.4.1 10

配置说明：目的 IP 地址是 192.168.1.0/24 的数据包，转发给 192.168.4.1，AD 值是 10（默认 AD 值为 1，越小越优先）。

【配置验证】

STEP 1：在 PC 上 ping 对端的 IP 地址，若能 ping 通，代表网络连通正常。

STEP 2： 在路由器 R1 中查看路由表，查看到如下路由条目：

```
S    192.168.2.0/24 [1/0] via 192.168.3.2
```

可以看到去往 192.168.2.0 走主用线路 F0/0，下一跳 IP 地址为 192.168.3.2。

STEP 3： 移除路由器 R1、R2 的主用线路，使用命令在路由器 R1 中查看路由表，查看到如下路由条目：

```
S    192.168.2.0/24 [10/0] via 192.168.4.2
```

可以看到去往 192.168.2.0 走备用线路 F1/0，下一跳 IP 地址为 192.168.4.2，表明备用路由能正常切换，加强了网络的可靠性。当主用线路正常连接工作后，会恢复到原来的主用路由。

典型案例

【**案例 2-1-1**】 对基于图 2-1-3 所示拓扑结构及表 2-1-5、表 2-1-6 所示设备信息的网络，通过静态路由、默认路由方式实现网络的连通，并使用浮动静态路由实现路由器 R2 与 R3 的双线路由备份功能。具体配置要求如下。

（1）在路由器 R1 上配置默认路由（下一跳 IP 地址方式）。

（2）在路由器 R2 上配置静态路由（下一跳 IP 地址方式），在路由器 R3 上配置默认路由（下一跳 IP 地址方式），并使用浮动路由设置路由器 R2 与 R3 的 S3/0 接口连接线路为备用线路，将浮动路由 AD 值设置为 5。

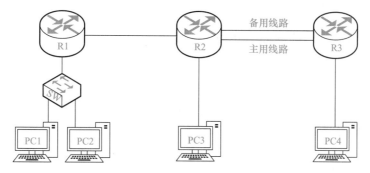

图 2-1-3　案例 2-1-1 图

【**设备信息**】

表 2-1-5　设备端口连接

设备名称	端口	设备名称	端口
R1	Fa1/0	SW	F0/2
R1	Fa0/0	R2	Fa0/0
R2	Se3/0	R3	Se3/0
R2	Se2/0	R3	Se2/0

设备名称	端口	设备名称	端口
R3	Fa0/0	PC3	Fa0
R3	Fa1/0	PC4	Fa0

表 2-1-6　设备端口地址

设备名称	端口	IP 地址	网关地址
R1	Fa1/0	192.168.1.254/24	—
R1	Fa0/0	192.168.4.1/24	—
R2	Fa0/0	192.168.4.2/24	—
R2	Se2/0（DCE）	192.168.5.1/24	—
R2	Se3/0（DCE）	192.168.6.1/24	—
R3	Se2/0	192.168.5.2/24	—
R3	Se3/0	192.168.6.2/24	—
R3	Fa0/0	192.168.2.254/24	—
R3	Fa1/0	192.168.3.254/24	—
PC1	NIC	192.168.1.1/24	192.168.1.254
PC2	NIC	192.168.1.2/24	192.168.1.254
PC3	NIC	192.168.2.1/24	192.168.2.254
PC4	NIC	192.168.3.1/24	192.168.3.254

【配置信息】

STEP 1：根据设备信息修改主机名，配置 IP 地址。

略。

STEP 2：配置路由器 R1 的默认路由。

```
R1（config）#ip route 0.0.0.0 0.0.0.0 192.168.4.2
```

STEP 3：配置路由器 R2 的静态路由。

```
R2（config）#ip route 192.168.1.0 255.255.255.0 192.168.4.1
R2（config）#ip route 192.168.2.0 255.255.255.0 192.168.5.2
R2（config）#ip route 192.168.2.0 255.255.255.0 192.168.6.2 5
R2（config）#ip route 192.168.3.0 255.255.255.0 192.168.5.2
R2（config）#ip route 192.168.3.0 255.255.255.0 192.168.6.2 5
```

STEP 4：配置路由器 R3 的默认路由。

```
R3（config）#ip route 0.0.0.0 0.0.0.0 192.168.5.1
R3（config）#ip route 0.0.0.0 0.0.0.0 192.168.6.1 5
```

【配置验证】

STEP 1：在 4 台 PC 上互 ping，若能 ping 通，代表网络连通正常。

STEP 2：查看各路由器的路由表，查看到如下的路由条目。

路由器 R1：

    S*   0.0.0.0/0 [1/0] via 192.168.4.2

路由器 R2：

    S   192.168.1.0/24 [1/0] via 192.168.4.1

    S   192.168.2.0/24 [1/0] via 192.168.5.2

    S   192.168.3.0/24 [1/0] via 192.168.5.2

路由器 R3：

    S*   0.0.0.0/0 [1/0] via 192.168.5.1

STEP 3：移除路由器 R2、R3 的主用线路，查看路由器 R2、R3 路由表的变化，查看到如下路由条目。

路由器 R2：

    S   192.168.2.0/24 [5/0] via 192.168.6.2

    S   192.168.3.0/24 [5/0] via 192.168.6.2

路由器 R3：

    S*   0.0.0.0/0 [5/0] via 192.168.6.1

可以看到主用线路断开后，主用路由消失，备用路由出现在路由表中，AD 值就是配置时设定的 5。当主用线路连接工作后，会恢复到原来的主用路由。

知识测评

一、单选题

1. 路由表中的路由不包括（　　）。

A. 接口上报的直连路由　　　　　　　B. 手工配置的静态路由

C. 协议发现的动态路由　　　　　　　D. ARP 通知获得的主机路由

2. 以下对静态路由描述正确的是（　　）。

A. 手动输入路由表且不会被路由协议更新

B. 一旦网络发生变化就被重新计算更新

C. 路由器出厂时就已经配置好

D. 是通过其他路由协议学习到的

3. 配置静态路由时，第三个参数是（　　）。

A. 目的网络　　　　　　　　　　　　B. 子网掩码

C. 下一跳 IP 地址　　　　　　　　　　D. 生存时间

4. 在静态路由的配置中，下一跳参数（　　）。

A. 只能设置为本地路由器端口 ID

B．只能设置为对端路由器端口 ID

C．只能设置为本地路由器端口 IP 地址

D．设置为对端路由器端口 IP 地址或本地路由器端口 ID

5．静态路由适用于哪种类型的计算机网络？（　　）

A．小型计算机网络　　　　　　　B．中型计算机网络

C．大型计算机网络　　　　　　　D．Internet

二、填空题

1．静态路由协议默认的 AD 值为 _____。

2．配置静态路由时，第二个参数是 _____。

3．静态路由描述转发路径的方式有两种，一种是指向下一跳路由器直连端口的 IP 地址（即将数据包交给 ×.×.×.×），另一种是 _____。

4．默认路由的目的地址和掩码都为 _____。

5．路由器的 3 种建立路由的途径分别为：_____、_____、_____。

三、判断题

1．收敛速度快是静态路由的优点。　　　　　　　　　　　　　　　（　　）

2．默认路由是一种特殊的静态路由。　　　　　　　　　　　　　　（　　）

3．网络中静态路由必须由网络管理员手动配置。　　　　　　　　　（　　）

4．静态路由不能动态反映网络拓扑结构。　　　　　　　　　　　　（　　）

5．默认路由的 AD 值是固定的，不能修改。　　　　　　　　　　　（　　）

四、简答题

1．当使用本地出接口代替静态路由中的下一跳 IP 地址时，路由表会有什么不同？

2．什么是浮动路由？

五、操作题

对基于图 2-1-4 所示拓扑结构及表 2-1-7、表 2-1-8 所示设备信息的网络，通过静态路由和默认路由方式实现网络的连通，最终使 PC1、PC2、PC3 能够互相通信，具体配置要求如下。

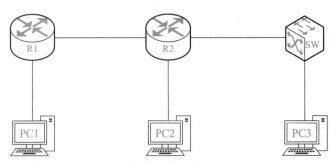

图 2-1-4　操作题图

（1）在路由器 R1、SW 上配置默认路由（下一跳 IP 地址方式）。

（2）在路由器 R2 上配置静态路由（下一跳 IP 地址方式）。

（3）在路由器 R3 上配置静态路由（本地出接口方式）。

【设备信息】

表 2-1-7 设备端口连接

设备名称	端口	设备名称	端口
R1	G0/0	PC1	Fa0
R1	G0/1	R2	G0/1
R2	G0/0	PC2	Fa0
R2	G0/2	SW	Fa0/2
SW	Fa0/1	PC3	Fa0

表 2-1-8 设备端口地址

设备名称	端口	IP 地址	网关地址
R1	G0/0	172.16.1.100/24	—
R1	G0/1	192.168.1.1/24	—
R2	G0/0	172.16.2.100/24	—
R2	G0/1	192.168.1.2/24	—
R2	G0/2	192.168.2.1/24	—
SW	Fa0/1（VLAN 30）	172.16.3.100/24	—
SW	Fa0/2（VLAN 20）	192.168.2.2/24	—
PC1	NIC	172.16.1.1/24	172.16.1.100/24
PC2	NIC	172.16.2.1/24	172.16.2.100/24
PC3	NIC	172.16.3.1/24	172.16.3.100/24

2.2 RIP 路由协议

学习目标

● 理解路由表的基本概念和路由的分类。

● 理解路由表匹配原则。

● 理解 RIPv1 与 RIPv2 的区别。

● 熟悉路由表中路由条目的格式和路由协议的简写代码。

● 掌握 RIP 的概念。

● 掌握 RIP 的配置方法。

● 掌握 RIP 的检验与排错方法。

内容梳理

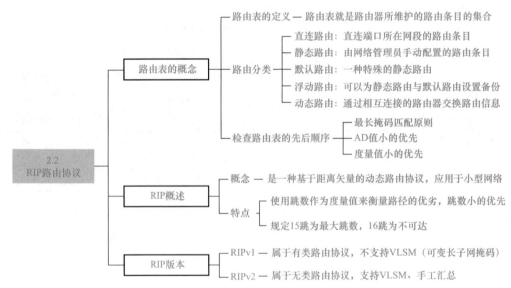

知识概要

1. 路由与路由表

路由器是能够将数据包转发到正确的目的地，并在转发过程中选择最佳路径的设备。路由器为数据包选择路径的过程（跨越从源主机到目标主机的一个互连网络来转发数据包的过程）即路由。

路由表就是路由器所维护的路由条目的集合。路由表是路由器选择路径的唯一依据，即路由表中有匹配项就转发数据，没有匹配项就将数据丢弃，丢弃数据之后会向源端发送回馈。

2. 路由的分类

（1）直连路由：直连端口所在网段的路由条目，由设备自动生成。注意，只有当端口的 IP 地址已经配置好，并且开启端口状态之后才能自动生成。

（2）静态路由：由网络管理员手动配置的路由条目，当网络的拓扑结构或线路的状态发生变化时，需要手动修改路由表中相关的静态路由信息，缺乏灵活性。

（3）默认路由：由网络管理员手动配置的路由条目，目的是优化方向一致的网段。当路由器在路由表中找不到目标网络的路由条目时，路由器将请求转发到默认路由端口。

（4）浮动路由：可以为静态路由与默认路由设置备份，优先级低于原配，当原配存在时会被隐藏，当原配消失时才会出现。

（5）动态路由：通过相互连接的路由器交换信息，然后按照一定的算法优化出来，而这些路由信息是在一定时间间隙里不断更新的，以适应不断变化的网络（如 RIP、OSPF 等）。

①多个相同目标网络的路由条目同时存在时，在路由表中，低优先级的路由条目会被隐藏。

②路由表中的路由条目越少，路由器转发效率越高，故路由表中路由条目过多时，需要优化路由表。

3. 检查路由表的先后顺序

（1）第一：最长掩码匹配原则。

例如，查找去往 192.168.1.1 的路径时，发现路由表中有如下两个路由条目，路由器会选择第一个路由条目转发，因为第一条路由条目的 IP 地址范围更小。

```
192.168.1.0 mask 255.255.255.0        next hop 10.1.1.1
192.168.1.0 mask 255.255.0.0          next hop 172.16.1.1
```

（2）第二：按照优先级进行检查，不同类型的路由条目其优先级不同。

①优先级的确定：根据 AD 值来决定路由条目类型的优先级。每种路由条目类型都有自己的 AD 值。

②AD 值：直连路由 C 的 AD 值默认为 0；静态路由 S 的 AD 值默认为 1；默认路由 S* 的 AD 值默认为无穷大。默认值可以改，但一般不改。AD 值越小，优先级越高。

（3）第三：如果路由表中目的网段的范围相同，并且路由优先级也相同，那么度量值小的优先，不同的路由协议有不同的度量值规定，静态路由和直连路由的度量值为 0，且不可修改，RIP 以跳数作为度量值，OSPF 的度量值与带宽相关。

4. RIP

上一节已经介绍了静态路由协议，本节介绍动态路由协议。动态路由协议包括距离矢量路由协议和链路状态路由协议。RIP（Routing Informar Protocol，路由信息协议）是使用最广泛的距离矢量路由协议。RIP 的最大特点是，无论实现原理还是配置方法都非常简单。它有时不能准确地选择最优路径，收敛的时间也略长，但因为它的简单性，对于小规模的、缺乏专业人员维护的网络来说，它是首选的路由协议。

1）RIP 概述

RIP 是由施乐（Xerox）公司在 20 世纪 70 年代开发的，是应用较早、使用较普遍的内部网关协议，适用于小型网络，是典型的距离矢量路由协议。

作为距离矢量路由协议，RIP 使用距离矢量来决定最优路径，具体来讲，就是提供跳数（hop count）作为尺度来衡量路由距离。跳数是一个报文从本节点到目的节点中途经的中转次数，也就是一个数据包到达目标所必须经过的路由器的数目。RIP 路由表中的每一项都包含了最终目的地址、到目的节点的路径中的下一跳节点（next hop）等信息。本网络中的报文欲通过本网络节点到达目的节点，如不能直接送达，则本节点应把此报文送到某个中转站点，此中转站点称为下一跳节点，这一中转过程叫作"跳"（hop）。

RIP 用两种数据包传输路由更新：更新和请求。具有 RIP 功能的路由器在默认情况下，每隔 30 s 利用 UDP 520 端口向与它直连的网络邻居广播（RIPv1）或组播（RIPv2）路由更新。因此，路由器不知道网络的全局情况，路由更新在网络上传播得慢，将导致网络收敛较慢，造成路由环路。为了避免路由环路，RIP 采用水平分割、毒性逆转、定义最大跳数、触发更新和抑制计时 5 个机制来避免路由环路。

2）RIPv1 与 RIPv2

RIP 分为版本 1 和版本 2，即 RIPv1 和 RIPv2。不论是 RIPv1 还是 RIPv2，都具备下面的特征。

（1）属距离矢量路由协议。

（2）使用跳数作为度量值。

（3）默认路由更新周期为 30 s。

（4）AD 值为 120。

（5）支持触发更新：最大跳数为 15 跳。

（6）支持等价路径，默认为 4 条，最多为 16 条。

（7）使用 UDP 520 端口进行路由更新。

RIPv1 和 RIPv2 的区别如表 2-2-1 所示。

表 2-2-1　RIPv1 和 RIPv2 的区别

RIPv1	RIPv2
在路由更新的过程中不携带子网信息	在路由更新的过程中携带子网信息
不提供认证	提供明文和 MD5 认证
不支持 VLSM 和 CIDR	支持 VLSM 和 CIDR
采用广播更新	采用组播（224.0.0.9）更新
属于有类（Classful）路由协议	属于无类（Classless）路由协议

✔ 应知应会

1. 路由表中的路由条目

例：路由表中的一个路由条目如下。

```
R 192.168.2.0/24 [120/1] via 192.168.1.2,00:00:18,FastEthernet 0/0
```

（1）"R"为路由类型的简写代码，表示该路由条目的获得方式，常见简写代码如表 2-2-2 所示。

（2）"192.168.2.0/24"为路由条目的网段。

（3）"[120/1]"是"AD 值 / 度量值"，如果是直连路由，该位置会呈现"is directly connected"。

（4）"via 192.168.1.2"是指到达目的网络的下一跳节点的 IP 地址。

（5）"00：00：18"是指路由器最近一次得知路由到现在的时间。

（6）"FastEthernet 0/0"是指到达下一跳节点应从哪个端口出去。

2. 常见路由的优先级（思科）

常见路由的优先级（思科）如表 2-2-2 所示。

表 2-2-2　常见路由的优先级（思科）

路由分类	相应的默认路由优先级	路由类型的简写代码
直连路由	0	C
静态路由	1	S
默认路由	无穷大	S*
RIP	120	R
OSPF	110	O

3. RIP 配置过程

（1）启动 RIP 进程：

```
Router (config) # router rip
```

（2）定义 RIP 的版本（默认为 version 1）:

```
Router (config-router) # version 2
```

（3）通告直连端口网络:

```
Router (config-router) # network [网络号]
```

（4）关闭 RIPv2 自动汇总（RIPv1 不支持 VLSM，没有关闭自动汇总功能）:

```
Router (config-router) # no auto-summary
```

注意: RIP 默认进行路由自动汇总，将子网路由自动汇总成有类网络路由。在一些需要详细划分子网的网络环境下，不关闭自动汇总功能会造成网络故障。

4. 查看 RIP 路由

查看路由器的路由表，如下所示。

```
R1#show ip route
Codes:C-connected,S-static,I-IGRP,R-RIP,M-mobile,B-BGP
       D-EIGRP,EX-EIGRP external,O-OSPF,IA-OSPF inter area
       N1-OSPF NSSA external type 1,N2-OSPF NSSA external type 2
       E1-OSPF external type 1,E2-OSPF external type 2,E-EGP
       i-IS-IS,L1-IS-IS level-1,L2-IS-IS level-2,ia-IS-IS inter area
       *-candidate default,U-per-user static route,o-ODR
       P-periodic downloaded static route

Gateway of last resort is not set

     10.0.0.0/24 is subnetted,2 subnets
C       10.1.1.0 is directly connected,FastEthernet 1/0
R       10.4.1.0 [120/2] via 192.168.1.2,00:00:18,FastEthernet 0/0
C     192.168.1.0/24 is directly connected,FastEthernet 0/0
R     192.168.2.0/24 [120/1] via 192.168.1.2,00:00:18,FastEthernet 0/0
```

以上面带有下划线的路由条目为例进行说明。

（1）"R" 表示这条路由是 RIP 协议学习得到的。

（2）"192.168.2.0/24" 是目的网络 IP 地址。

（3）"[120/1]" 是 "AD 值 / 度量值"。

（4）"via 192.168.1.2" 是指到达目的网络的下一跳节点的 IP 地址。

（5）"00：00：18" 是指路由器最近一次得知路由到现在的时间。

（6）"FastEthernet 0/0" 是指到达下一跳节点应从哪个端口出去。

【例 2-2-1】对基于图 2-2-1 所示拓扑结构及表 2-2-3 所示设备信息的网络，使用

RIPv1 配置网络连通性。

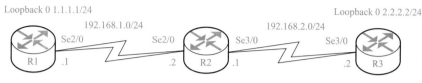

图 2-2-1 例 2-2-1 图

【设备信息】

表 2-2-3 设备端口地址

设备名称	端口	IP 地址
R1	Se2/0	192.168.1.1/24
R1	Loopback 0	1.1.1.1/24
R2	Se2/0	192.168.1.2/24
R2	Se3/0	192.168.2.1/24
R3	Se3/0	192.168.2.2/24
R3	Loopback 0	2.2.2.2/24

【配置信息】

STEP 1: 根据设备信息修改主机名，配置 IP 地址。

Loopback 端口（环回端口）是一种虚拟端口。可以创建一个或多个 Loopback 端口，并且可以和配置物理端口一样配置 Loopback 端口的 IP 地址和子网掩码。Loopback 端口的状态一直是 up，配置 IP 地址后就可生成直连路由。使用 Loopback 端口可以让路由器不必连接终端或下一跳设备即可生成测试用的直连路由。

这里演示 R1 的 Loopback 端口配置，其他配置略。

```
R1（config）#interface loopback 0
R1（config-if）#ip address 1.1.1.1 255.255.255.0
R1（config-if）#exit
```

STEP 2: 在路由器上配置 RIPv1。

默认版本为 version 1，故在 RIPv1 配置中不用配置版本。

R1:

```
R1（config）#router rip
R1（config-router）#network 1.1.1.0
R1（config-router）#network 192.168.1.0
R1（config-router）#exit
```

R2:

```
R2（config）#router rip
```

```
R2 (config-router)#network 192.168.1.0

R2 (config-router)#network 192.168.2.0

R2 (config-router)#exit
```

R3：

```
R3 (config)#router rip

R3 (config-router)#network 192.168.2.0

R3 (config-router)#network 2.2.2.0

R3 (config-router)#exit
```

【配置验证】

查看各路由器的路由表中是否有全网路由。

查看路由表，可查看到 3 个路由器收到的 RIP 路由条目如下。

R1：

```
R    2.0.0.0/8 [120/2] via 192.168.1.2,00:00:25,Serial2/0

R    192.168.2.0/24 [120/1] via 192.168.1.2,00:00:25,Serial2/0
```

R2：

```
R    1.0.0.0/8 [120/1] via 192.168.1.1,00:00:17,Serial2/0

R    2.0.0.0/8 [120/1] via 192.168.2.2,00:00:10,Serial3/0
```

R3：

```
R    1.0.0.0/8 [120/2] via 192.168.2.1,00:00:18,Serial3/0

R    192.168.1.0/24 [120/1] via 192.168.2.1,00:00:18,Serial3/0
```

可发现 1.1.1.0/24 和 2.2.2.0/24 子网在 RIPv1 中是以有类 IP 网段 1.0.0.0/8 和 2.0.0.0/8 进行传递的，各路由器通过 RIPv1 收到的是 A 类网段 1.0.0.0/8 和 2.0.0.0/8 路由。

【例 2-2-2】对基于图 2-2-1 所示拓扑结构及表 2-2-3 所示设备信息的网络，使用 RIPv2 配置网络连通性。

【配置信息】

STEP 1：根据设备信息修改主机名，配置 IP 地址。

略。

STEP 2：在路由器上配置 RIPv2。

R1：

```
R1 (config)#router rip

R1 (config-router)#version 2

R1 (config-router)#no auto-summary

R1 (config-router)#network 1.1.1.0

R1 (config-router)#network 192.168.1.0

R1 (config-router)#exit
```

R2：

```
R2（config）#router rip
R2（config-router）#version 2
R2（config-router）#no auto-summary
R2（config-router）#network 192.168.1.0
R2（config-router）#network 192.168.2.0
R2（config-router）#exit
```

R3：

```
R3（config）#router rip
R3（config-router）#version 2
R3（config-router）#no auto-summary
R3（config-router）#network 192.168.2.0
R3（config-router）#network 2.2.2.0
R3（config-router）#exit
```

如果没有配置 no auto-summary，RIPv2 会自动进行路由汇总，把子网 1.1.1.0/24 和 2.2.2.0/24 汇总成 A 类路由，实验结果表明路由表和 RIPv1 一致。

【配置验证】

查看各路由器中的路由表是否有全网路由。

查看路由表，可查看到 3 个路由器收到的 RIP 路由条目如下。

R1：

```
R    2.2.2.0 [120/2] via 192.168.1.2,00:00:07,Serial2/0
R    192.168.2.0/24 [120/1] via 192.168.1.2,00:00:07,Serial2/0
```

R2：

```
R    1.1.1.0 [120/1] via 192.168.1.1,00:00:23,Serial2/0
R    2.2.2.0 [120/1] via 192.168.2.2,00:00:14,Serial3/0
```

R3：

```
R    1.1.1.0 [120/2] via 192.168.2.1,00:00:22,Serial3/0
R    192.168.1.0/24 [120/1] via 192.168.2.1,00:00:22,Serial3/0
```

可观察到，使用 RIPv2 并关闭自动汇总功能后，能正常传递子网 1.1.1.0/24 和 2.2.2.0/24 路由了。

典型案例

【案例 2-2-1】 对基于图 2-2-2 所示拓扑结构及表 2-2-4、表 2-2-5 所示设备信息的网络，使用 RIP 配置网络连通性。

（1）全网路由器运行 RIPv2，关闭自动汇总功能，使全网路由可达。

（2）把 RIP 版本改为 1，网络是否会出现故障？

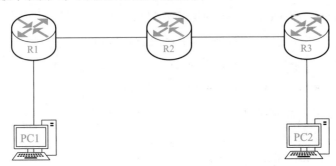

图 2-2-2 案例 2-2-1 图

【设备信息】

表 2-2-4 设备端口连接

设备名称	端口	设备名称	端口
R1	Fa1/0	PC	Fa0
R1	Fa0/0	R2	Fa0/0
R2	Fa1/0	R3	Fa1/0
R3	Fa0/0	PC2	Fa0

表 2-2-5 设备接口地址

设备名称	端口	IP 地址	网关地址
R1	Fa1/0	10. 1. 1. 1/24	—
R1	Fa0/0	192. 168. 1. 1/24	—
R2	Fa0/0	192. 168. 1. 2/24	—
R2	Fa1/0	192. 168. 2. 1/24	—
R3	Fa1/0	192. 168. 2. 2/24	—
R3	Fa0/0	10. 4. 1. 1/24	—
PC1	NIC	10. 1. 1. 2/24	10. 1. 1. 1/24
PC2	NIC	10. 4. 1. 2/24	10. 4. 1. 1/24

【配置信息】

STEP 1: 根据设备信息修改主机名，配置 IP 地址。

略。

STEP 2: 在路由器上配置 RIPv2，并关闭自动汇总功能。

R1 配置：

```
R1（config）#router rip
```

```
R1 (config-router) #version 2                    // 启用 RIPv2
R1 (config-router) #no auto-summary              // 关闭自动汇总功能
R1 (config-router) #network 192.168.1.0
R1 (config-router) #network 10.0.0.0
R1 (config-router) #exit
```

R2 配置：

```
R2 (config) #router rip
R2 (config-router) #version 2
R2 (config-router) #no auto-summary
R2 (config-router) #network 192.168.1.0
R2 (config-router) #network 192.168.2.0
R2 (config-router) #exit
```

R3 配置：

```
R3 (config) #router rip
R3 (config-router) #version 2
R3 (config-router) #no auto-summary
R3 (config-router) #network 192.168.2.0
R3 (config-router) #network 10.0.0.0
R3 (config-router) #exit
```

【配置验证】

查看各路由器中的路由表是否有全网路由。

查看路由表，可查看到 3 个路由器收到的 RIP 路由条目如下。

R1：

```
R    10.4.1.0 [120/2] via 192.168.1.2,00:00:18,FastEthernet 0/0
R    192.168.2.0/24 [120/1] via 192.168.1.2,00:00:18,FastEthernet 0/0
```

R2：

```
R    10.1.1.0 [120/1] via 192.168.1.1,00:00:17,FastEthernet 0/0
R    10.4.1.0 [120/1] via 192.168.2.2,00:00:11,FastEthernet 1/0
```

R3：

```
R    10.1.1.0 [120/2] via 192.168.2.1,00:00:01,FastEthernet 1/0
R    192.168.1.0/24 [120/1] via 192.168.2.1,00:00:01,FastEthernet 1/0
```

通过查看 3 个路由器中的路由表，可发现子网 10.1.1.0/24 和 10.4.1.0/24 能在关闭了自动汇总功能的 RIPv2 中以子网形式正常传递路由。

对于该拓扑结构，如果使用 RIPv1 或 RIPv2 时没有关闭自动汇总功能，将会出现网络故障。以下把 RIP 版本改为 1，观察路由表的异同。

【配置信息】

STEP 1: 更改 RIP 版本。

  R1（config）#router rip

  R1（config-router）#version 1

在路由器 R2 上使用相同命令将 RIPv2 更改为 RIPv1

STEP 2: 清除路由，重新传递路由。

因为路由失效到清除需要一定的时间，所以在特权模式下使用 clear ip route * 命令强制清除所有路由，等待路由重新传递完成后查看路由表。

【配置验证】

（1）R1 路由表的变化。

RIPv1 会将 R1 端口子网 IP 地址 10.4.1.0/24 转换成 A 类 IP 地址 10.0.0.0/8 进行传递，R1 的路由表中将没有以下路由条目。

  R 10.4.1.0 [120/2] via 192.168.1.2,00:00:18,FastEthernet 0/0

（2）R2 路由表的变化。

R2 会收到 R1、R3 传递过来的目的网络 IP 地址为 10.0.0.0/8 的路由条目，故可以看到路由表中目的网络 IP 地址为 10.0.0.0/8 的路由条目有两个不同方向。

  R 10.0.0.0/8 [120/1] via 192.168.1.1,00:00:21,FastEthernet0/0

         [120/1] via 192.168.2.2,00:00:19,FastEthernet1/0

（3）R3 路由表的变化。

同样，RIPv1 会将 R1 端口子网 IP 地址 10.1.1.0/24 转换成 A 类 IP 地址 10.0.0.0/8 进行传递，所以 R3 的路由表中将没有以下路由条目。

  R 10.1.1.0 [120/2] via 192.168.2.1,00:00:01,FastEthernet 1/0

将 RIPv2 更改为 RIPv1 后，因为 RIPv1 不支持无类 IP，子网 IP 地址 10.1.1.0/24、10.4.1.0/24 会以 10.0.0.0/8 进行传递，造成网络中路由混乱，网络出现故障，可发现 PC1 与 PC2 间无法 ping 通，连通性出现问题。

知识测评

一、单选题

1. RIPv2 是增强 RIP，下面关于 RIPv2 的描述中错误的是（   ）。

A. 使用广播方式来传播路由更新报文

B. 采用触发更新机制来加速路由收敛

C. 支持可变长子网掩码和无类别域间路由

D. 使用散列口令来限制路由信息传播

2. RIP 通过路由器之间的（   ）来计算通信代价。

A．链路数据速率　　　　　　　　B．物理距离

C．跳步计数　　　　　　　　　　D．分组队列长度

3．RIP 是一种动态路由协议，适用于路由器数量不超过（　　）个的网络。

A．8　　　　　　　　　　　　　　B．16

C．24　　　　　　　　　　　　　　D．32

4．当路由器接收的报文的目的 IP 地址在路由表中没有匹配的表项时，采取的策略是（　　）。

A．将该报文进行广播

B．将该报文分片

C．将该报文组播转发

D．如果存在默认路由则按照默认路由转发，否则丢弃

5．当路由表中有多条目的地址相同的路由信息时，路由器选择（　　）的一项作为匹配项。

A．组播聚合　　　　　　　　　　B．路径最短

C．掩码最长　　　　　　　　　　D．跳数最少

二、填空题

1．在 RIP 中，默认路由的更新周期是 _____ 秒。

2．RIP 是一种基于 _____ 的动态路由协议。

3．RIP 默认路由优先级为 _____。

4．RIPv2 关闭自动汇总功能的命令为 _____。

5．RIP 依据 _____ 选择最佳路由。

三、简答题

1．路由表中需要保存哪些信息？

2．在路由表中与非直连路由相关的括号内的两个数字表示什么？

四、操作题

对基于图 2-2-3 所示拓扑结构及表 2-2-6、表 2-2-7 所示设备信息的网络，配置 RIP 实现网络连通，最终使 PC1、PC2 间能互相通信，具体配置要求：使用 RIPv2，R1、R2 通告直连网段，关闭自动汇总功能。

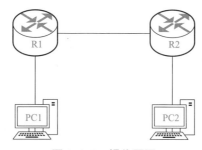

图 2-2-3　操作题图

【设备信息】

表 2-2-6　设备端口连接

设备名称	端口	设备名称	端口
R1	F1/0	SW	F0/1
R1	F0/0	PC1	Fa0
SW	F0/2	PC2	Fa0

表 2-2-7　设备端口地址

设备名称	端口	IP 地址	网关地址
R1	F1/0	192.168.1.1/24	—
	F0/0	172.16.1.100/24	—
SW	F0/1	192.168.1.2/24	—
	F0/2	172.16.2.100/24	—
PC1	NIC	172.16.1.1/24	172.16.1.100/24
PC2	NIC	172.16.2.1/24	172.16.2.100/24

2.3 OSPF 路由协议

学习目标

● 理解 OSPF 协议的基本概念和特点。

● 掌握 OSPF 协议的配置方法。

● 能够通过 OSPF 邻居表和路由表进行验证和排错。

● 掌握路由重分发的概念。

● 掌握路由重分发的配置方法。

● 能够实现 OSPF 路由基本配置。

内容梳理

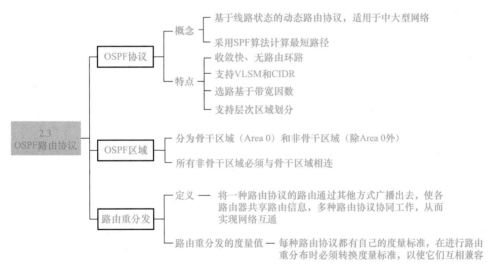

知识概要

1. OSPF 协议

开放式最短路径优先（Open Shortest Path First，OSPF）协议是一种动态路由协议，是目前网络中应用最广泛的路由协议之一。OSPF 协议通过向全网扩散本设备的线路状态信息，使网络中的每台设备最终同步于一个具有全网线路状态的数据库，然后路由器采用 SPF 算法，以自己为根，计算到达其他网络的最短路径，最终形成全网路由信息。

OSPF 协议具有以下特点。

（1）采用 IETF 标准。这意味着 OSPF 协议可以被不同厂商的设备所支持。

（2）属于无环路由协议。OSPF 协议执行 SPF 算法，不会产生路由环路。

（3）属于无类路由协议。OSPF 协议支持 VLSM 和 CIDR。

（4）拥有不受限的跳计数。OSPF 协议可以应用于大型网络。

（5）具有层次化架构。OSPF 协议易扩展，路由器的负担不会随着网络规模的增大而急剧增加。

（6）采用区域化设计。OSPF 协议可减小路由更新的流量，减少内存、CPU 和带宽的使用。

（7）能够快速收敛。OSPF 协议使用触发式更新，路由可以快速收敛。

（8）支持验证。OSPF 协议支持针对区域和线路的验证。

2. OSPF 协议的层次化架构

OSPF 协议通过划分不同的区域来实现域内防环和扩展性，不同的区域之间用 area id 进行表示。

区域划分如下。

（1）骨干区域：area id 为 0 的区域。

（2）非骨干区域：骨干区域以外的其他区域。

非骨干区域又分为特殊区域和一般区域，特殊区域包括 stub 区域、totally stub 区域、nssa 区域、totally nssa 区域四大类，特殊区域以外的其他非骨干区域都是一般区域。

骨干区域只能有一个，非骨干区域之间进行通信要经过骨干区域，非骨干区域一定要和骨干区域相连。OSPF 协议通过此规则实现了区域间防环，区域的层次化使 OSPF 协议的扩展性得到了提高。

3. OSPF 协议的 3 张表

1）邻居表

运行在同一区域下的相邻 OSPF 路由器称为邻居，OSPF 路由器把邻居的相关信息放在邻居表中。

查看邻居摘要信息的命令如下：

```
show ip ospf neighbor
```

route id 用于标识唯一一台 OSPF 路由器的，要求在全网唯一，默认使用 Loopback 端口地址，若没有 Loopback 端口，就使用物理端口中较大的 IP 地址，也可以手动指定。

2）LSDB——线路状态数据库

OSPF 路由器是通过泛洪线路状态信息来进行路由和拓扑的交互的，把本地的 LSA 和从邻居学到的 LSA 全部放在 LSDB 中，用来进行数据库的同步和路由计算。

查看 LSDB 的命令如下：

```
show ip ospf database
```

3）OSPF 路由表

OSPF 路由器把计算出的最优路由放在 OSPF 路由表中，此表不同于 IP 公共路由表，不同的路由协议有自己不同的路由表，这里存放的仅是 OSPF 协议计算出的最佳路由，而 IP 路由表中存放的是根据优先级和开销值计算出的最优转发路由。

查看 OSPF 路由表的命令如下：

```
show ip route
```

4. OSPF 协议与 RIP 的比较

OSPF 协议与 RIP 的对比如表 2-3-1 所示。

表 2-3-1　OSPF 协议与 RIP 的对比

OSPF 协议	RIPv1	RIPv2
线路状态路由协议	距离矢量路由协议	同 RIPv1
没有跳数的限制	超过 15 跳的路由不可达	同 RIPv1
支持 VLSM	不支持 VLSM	支持 VLSM
收敛速度快	收敛速度慢	同 RIPv1
使用组播发送线路状态更新	周期性广播更新整个路由表	周期性组播更新整个路由表

5. 路由重分发（Route Redistribution）

在大型企业中，可能在同一网络内使用多种路由协议，不同的路由协议默认是不可以互相通信的。为了实现多种路由协议的协同工作，路由器可以通过路由重分发将其学习到的一种路由协议的路由通过另一种路由协议广播出去（实现不同路由协议的相互通信），从而实现所有网络的互通。

如果一个网络同时使用了 OSPF 协议、RIP 和静态路由协议来生成路由表，那么就需要通过路由重分发来交换由不同路由协议创建的路由信息。

路由重分发的定义：指为实现同一网络内多种路由协议协同工作，利用路由重分发技术使各路由器共享路由信息，将一种路由协议的路由通过其他方式（可能是另一路由协议）广播出去，从而实现网络互通。

进行路由重分发之前，需要充分理解不同路由协议的 AD 值及度量值，且在进行路由重分发时要指定度量值，以便达到全网互通以及选择最优路径的目的。

种子度量值（seed metric）是定义在路由重分发中的，它是一条从外部重分发进来的路由的初始度量值。每一种路由协议都有自己的度量标准，因此在进行路由重分发时必须转换度量标准，以使它们互相兼容，如表 2-3-2 所示。

表 2-3-2　路由重分发时默认的度量值

协议	度量值	备注
重分发进 RIP	无限大	当其他路由注入 RIP 的时候，因为 RIP 最大只有 15 跳，所以必须手动指定度量值
重分发进 OSPF 协议	20	—

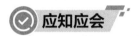 应知应会

1. OSPF 协议基本配置步骤

1）启动 OSPF 进程

Router（config）# router OSPF［进程号］

OSPF 的进程号只是代表本路由器上的一个 OSPF 进程，全网路由器的 OSPF 进程号可以不一致。

2）指定路由 ID（可选配置，没有配置会自动选举生成）

Router（config-router）# router-id ×.×.×.×

（1）路由 ID 是代表路由器在 OSPF 网络中的唯一标识符，其形式是 ×.×.×.×，格式与 IP 地址相同，但实际上它并不是一个 IP 地址，而只是一个名字，如果没有配置，会自动选举生成。

（2）路由 ID 自动选举规则。

①首先选举 Loopback 端口中的 IP 地址，优先选择最大的 IP 地址。

②若没有 Loopback 端口 IP 地址，则选择物理端口中最大的 IP 地址。

（3）一般在通告端口网段前指定路由 ID，如果与其他路由器构成邻居后再指定路由 ID，则只有重启 OSPF 进程，指定的路由 ID 才会生效。

3）通告直连端口网络

Router（config-router）# network ［网络号］［通配符］ area ［区域号］

（1）［通配符］：与［网络号］组合使用，匹配一组符合规则的 IP 地址。

（2）［区域号］：OSPF 协议在建立邻居的时候检测对方 hello 包的区域标识是否在同一条线路上，即两端的 OSPF 区域号必须一致。骨干区域号为 0，其余区域编号为非骨干区域。对于多个区域，OSPF 协议要求所有的非骨干区域（编号非 0 的区域）都必须与骨干区域直接相连，骨干区域是整个 OSPF 区域的枢纽，一个 OSPF 区域有且只能有一个骨干区域，所有区域间的路由必须通过骨干区域中转。

4）查看相关信息

（1）显示路由表的信息。

R2#show ip route

Codes:C-connected,S-static,I-IGRP,R-RIP,M-mobile,B-BGP

```
D-EIGRP,EX-EIGRP external,O-OSPF,IA-OSPF inter area

N1-OSPF NSSA external type 1,N2-OSPF NSSA external type 2

E1-OSPF external type 1,E2-OSPF external type 2,E-EGP

i-IS-IS,L1-IS-IS level-1,L2-IS-IS level-2,ia-IS-IS inter area

*-candidate default,U-per-user static route,o-ODR

P-periodic downloaded static route


Gateway of last resort is not set

    10.0.0.0/24 is subnetted,2 subnets
O      10.1.1.0 [110/2] via 192.168.1.1,00:08:48,FastEthernet0/0

O IA   10.4.1.0 [110/3] via 192.168.2.2,00:02:02,FastEthernet1/0

C      192.168.1.0/24 is directly connected,FastEthernet0/0

C      192.168.2.0/24 is directly connected,FastEthernet1/0

O IA 192.168.3.0/24 [110/2] via 192.168.2.2,00:03:06,FastEthernet1/0
```

以上面带有下划线路由条目为例进行说明。

① "O IA""O"为 OSPF 路由的简写代码，"IA"表示是其他区域的路由。

② "10.4.1.0"是目的网络 IP 地址。

③ "[110/3]"是"AD 值 / 度量值"。

④ "via 192.168.2.2"是指到达目的网络的下一跳节点的 IP 地址。

⑤ "00：02：02"是指路由器最近一次得知路由到现在的时间。

⑥ "FastEthernet 1/0"是指到达下一跳节点应从哪个端口出去。

（2）查看 OSPF 邻居表。

```
R2#show ip ospf neighbor

Neighbor ID   Pri   State     Dead Time   Address         Interface

192.168.1.1   1     FULL/DR   00:00:37    192.168.1.1     FastEthernet0/0

192.168.3.1   1     FULL/BDR  00:00:39    192.168.2.2     FastEthernet1/0
```

① Neighbor ID：邻居路由器的路由 ID。

② Pri：路由器的优先级（选举 DR/BDR）。

③ State：邻居路由器的状态（正常邻居关系为大状态）。

④ Dead Time：邻居的死亡时间，以太网链路默认是 40 s，但是从 39 s 开始减少，每收到一个 hello 数据包（默认是 10 s），死亡时间就会重置。

⑤ Address：邻居路由器的对端端口 IP 地址。

⑥ Interface：连接邻居路由器的本地端口。

（3）查看线路状态数据库。

```
R1#sho ip ospf database
```

```
OSPF Router with ID (192.168.1.1)(Process ID 1)

        Router Link States(Area 1)

Link ID         ADV Router      Age   Seq#           Checksum Link count
192.168.1.1     192.168.1.1     106   0x80000004     0x006e18 2
192.168.2.1     192.168.2.1     106   0x80000003     0x00f9a6 1

        Net Link States(Area 1)
Link ID         ADV Router      Age   Seq#           Checksum
192.168.1.2     192.168.2.1     106   0x80000001     0x00d092

        Summary Net Link States(Area 1)
Link ID         ADV Router      Age   Seq#           Checksum
192.168.2.0     192.168.2.1     101   0x80000001     0x00abda
192.168.3.0     192.168.2.1     96    0x80000002     0x00a8da
10.4.1.0        192.168.2.1     96    0x80000003     0x00c519
```

① Link id：各类 LSA 类型中的网络号，指的是该区域的线路状态数据库。

② ADV Router：通告路由器 ID。

③ Age：LSA 的老化时间（默认为 1 800 s，即 30 min）。

④ Seq#：LSA 的序列号（发送路由更新时会携带的序列号）。

⑤ Checksum：校验和（检查数据是否完整正确，没有经过修改）。

⑥ Link count：线路状态信息的跳数（该路由器自己产生的 LSA 信息数量）。

【例 2-3-1】 对基于图 2-3-1 所示拓扑结构及表 2-3-3 所示设备信息的网络，使用 OSPF 协议配置网络连通性。

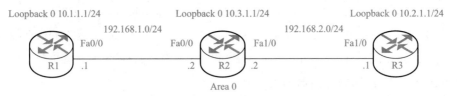

图 2-3-1　例 2-3-1 图

要求：全网路由器运行大协议，使用骨干区域，使全网路由可达。

【设备信息】

表 2-3-3　设备端口地址

设备名称	端口	IP 地址
R1	Fa0/0	192.168.1.1/24
R1	Loopback 0	10.1.1.1/24

续表

设备名称	端口	IP 地址
R2	Fa0/0	192.168.1.2/24
R2	Fa1/0	192.168.2.1/24
R2	Loopback 0	10.3.1.1/24
R3	Fa1/0	192.168.2.2/24
R3	Loopback 0	10.2.1.1/24

【配置信息】

STEP 1：根据设备信息修改主机名，配置 IP 地址。

略。

STEP 2：全网路由启用 OSPF 协议，并把对应的端口网段通告到指定的区域。

R1 配置：

```
R1 (config) #router ospf 1
R1 (config-router) #network 192.168.1.0 0.0.0.255 area 0
R1 (config-router) #network 10.1.1.0 0.0.0.255 area 0
R1 (config-router) #exit
```

R2 配置：

```
R2 (config) #router ospf 1
R2 (config-router) #network 192.168.1.0 0.0.0.255 area 0
R2 (config-router) #network 192.168.2.0 0.0.0.255 area 0
R2 (config-router) #network 10.3.1.0 0.0.0.255 area 0
R2 (config-router) #exit
```

R3 配置：

```
R3 (config) #router ospf 1
R3 (config-router) #network 192.168.2.0 0.0.0.255 area 0
R3 (config-router) #network 10.2.1.0 0 0.0.0.255 area 0
R3 (config-router) #exit
```

【配置验证】

STEP 1：查看相邻的路由器之间是否建立 OSPF 邻居关系，若建立邻居关系则查看邻居状态。若相邻路由器能够正常建立邻居关系，且状态为 FULL，则 OSPF 协议运行正常。

R1 邻居表：

```
R1#show ip ospf neighbor

Neighbor ID     Pri    State       Dead Time   Address        Interface

10.3.1.1        1      FULL/BDR    00:00:36    192.168.1.2    FastEthernet0/0
```

R2 邻居表：

```
R2#show ip ospf neighbor

Neighbor ID    Pri    State      Dead Time   Address        Interface
10.1.1.1       1      FULL/DR    00:00:30    192.168.1.1    FastEthernet0/0
10.2.1.1       1      FULL/BDR   00:00:32    192.168.2.1    FastEthernet1/0
```

R3 邻居表：

```
R3#show ip ospf neighbor

Neighbor ID    Pri    State      Dead Time   Address        Interface
10.3.1.1       1      FULL/DR    00:00:36    192.168.2.2    FastEthernet1/0
```

STEP 2：查看全网路由器的路由，若每台路由器都能学习到整网的路由，则 OSPF 协议配置正确。

R1 路由表学习到如下 OSPF 路由：

```
O       10.2.1.1/32 [110/3] via 192.168.1.2,00:00:17,FastEthernet0/0
O       10.3.1.1/32 [110/2] via 192.168.1.2,00:00:17,FastEthernet0/0
O       192.168.2.0/24 [110/2] via 192.168.1.2,00:00:17,FastEthernet0/0
```

R2 路由表学习到如下 OSPF 路由：

```
O       10.1.1.1/32 [110/2] via 192.168.1.1,00:02:15,FastEthernet0/0
O       10.2.1.1/32 [110/2] via 192.168.2.1,00:00:31,FastEthernet1/0
```

R3 路由表学习到如下 OSPF 路由：

```
O       10.1.1.1/32 [110/3] via 192.168.2.2,00:01:08,FastEthernet1/0
O       10.3.1.1/32 [110/2] via 192.168.2.2,00:01:08,FastEthernet1/0
O       192.168.1.0/24 [110/2] via 192.168.2.2,00:01:08,FastEthernet1/0
```

2. 路由重分发命令

1）将 OSPF 协议注入 RIP

当把其他路由注入 RIP 的时候，就要遵循 RIP 的度量值，任何路由协议重分发进入 RIP 时，默认的度量值都是无穷大的，不可以使用，因此需要手动指定度量值。

```
Router (config) #router rip
Router (config-router) #redistribute ospf 100 metric 5
```

当这里手动指定度量值为 5 的时候，在邻居的路由表中就可以看到学习过来的 OSPF 路由跳数是 5 跳。一般根据具体环境设置度量值。

2）将 RIP 注入 OSPF 协议

当把其他路由注入 OSPF 协议的时候，默认情况下的做过子网划分的路由是不会注入 OSPF 协议的，因此要加入一个参数 subnets，若不加参数 subnets，则只能把有类（没有做过子网划分）的路由注入 OSPF 协议。

```
Router（config）#router ospf 100
Router（config-router）#redistributer rip subnets
```

"subnets" 就是子网的意思，加上这个参数以后就可以将做过子网划分的路由正常注入 OSPF 协议。在正常情况下建议加上这个参数。

注：当把其他路由注入 OSPF 协议的时候，其他路由的默认度量值都是 20。

3）将静态路由注入 RIP、OSPF

（1）将静态路由注入 RIP。

```
Router（config）#router rip
Router（config-router）#redistribute static
```

将静态路由重分发进 RIP，默认度量值是 1，可以不修改度量值。

（2）将静态路由注入 OSPF 协议。

```
Router（config）#router ospf 100
Router（config-router）#redistribute static subnets
```

如果涉及子网，则需要加上 subnets 参数。

4）将默认路由注入 RIP、OSPF 协议

（1）将默认路由注入 RIP。

在 RIP 做静态路由重分布时，认为默认路由也属于静态路由，所以重分布静态路由可重分布默认路由。如果只注入默认路由，可使用以下命令：

```
Router（config）#router rip
Router（config-router）#default-information originate
```

（2）将默认路由注入 OSPF 协议。

在 OSPF 协议重分布静态路由时不能将默认路由注入 OSPF 协议的，需用进行以下配置：

```
Router（config）#router ospf 100
Router（config-router）#default-information originate
```

5）把直连路由注入 RIP、OSPF 协议

（1）将直连路由注入 RIP。

```
Router（config）#router rip
Router（config-router）#redistribute connected
```

将直连路由注入 RIP 的度量值默认为 1。

（2）将直连路由注入 OSPF 协议。

```
Router（config）#routerospf 100
Router（config-router）#redistribute connected subnet
```

如果涉及子网，则需要加上 subnets 参数。

典型案例

【案例 2-3-1】 对基于图 2-3-2 所示拓扑结构及表 2-3-4、表 2-3-5 所示设备信息的网络，全网路由启用 OSPF 协议，并把对应的端口通告到指定的区域，使全网路由可达。要求如下。

（1）指定各路由设备的 OSPF 路由 ID，SW1 为 1.1.1.1，SW2 为 4.4.4.4，R1 为 2.2.2.2，R2 为 3.3.3.3。

（2）SW1 所有直连网段和 R1 的 Fa0/0 端口网段归属于 Area 1，R1 与 R2 连接的端口网段归属于 Area 0，SW2 所有直连网段和 R2 的 Fa0/0 端口网段归属于 Area 2。

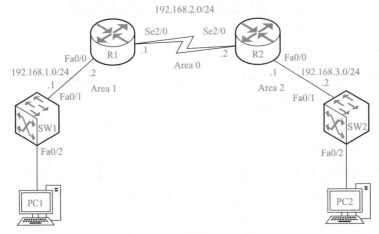

图 2-3-2 案例 2-3-1 图

【设备信息】

表 2-3-4 设备端口连接

设备名称	端口	设备名称	端口
SW1	Fa0/2	PC1	Fa0
SW1	Fa0/1	R1	Fa0/0
R1	Se2/0	R2	Se2/0
R2	Fa0/0	SW2	Fa0/1
SW2	Fa0/1	PC2	Fa0

表 2-3-5 设备端口地址

设备名称	端口	IP 地址	网关地址
SW1	Fa0/1	192.168.1.1/24	—
SW1	Fa0/2（vlan 10）	10.1.1.1/24	—
R1	Fa0/0	192.168.1.2/24	—
R1	Se2/0	192.168.2.1/24	—

续表

设备名称	端口	IP 地址	网关地址
R2	Se2/0	192.168.2.2/24	—
R2	Fa0/0	192.168.3.1/24	—
SW2	Fa0/1	192.168.3.2/24	—
SW2	Fa0/2（vlan 10）	10.4.1.1/24	—
PC1	NIC	10.1.1.2/24	10.1.1.1/24
PC2	NIC	10.4.1.2/24	10.4.1.1/24

【配置信息】

STEP 1： 根据设备信息修改主机名，配置 IP 地址。

略。

STEP 2： 全网路由启用 OSPF 协议，并把对应的端口网段通告到指定的区域。

SW1 配置：

```
SW1（config）#router ospf 1
SW1（config-router）#router-id 1.1.1.1
SW1（config-router）#network 10.1.1.0 0.0.0.255 area 1
SW1（config-router）#network 192.168.1.0 0.0.0.255 area 1
SW1（config-router）#exit
```

R1 配置：

```
R1（config）#router ospf 1
R1（config-router）#router-id 2.2.2.2
R1（config-router）#network 192.168.1.0 0.0.0.255 area 1
R1（config-router）#network 192.168.2.0 0.0.0.255 area 0
R1（config-router）#exit
```

R2 配置：

```
R2（config）#router ospf 1
R2（config-router）#router-id 3.3.3.3
R2（config-router）#network 192.168.2.0 0.0.0.255 area 0
R2（config-router）#network 192.168.3.0 0.0.0.255 area 2
R2（config-router）#exit
```

SW2 配置：

```
SW2（config）#router ospf 1
SW2（config-router）#router-id 4.4.4.4
SW1（config-router）#network 10.4.1.0 0.0.0.255 area 2
SW1（config-router）#network 192.168.2.0 0.0.0.255 area 2
SW1（config-router）#exit
```

【配置验证】

STEP 1：查看相邻的路由器之间是否建立 OSPF 邻居关系，若建立邻居关系，则查看邻居状态。若相邻路由器能够正常建立邻居关系，且状态为 FULL，则 OSPF 协议运行正常。

SW1 邻居表：

```
SW1#show ip ospf neighbor

Neighbor ID    Pri    State      Dead Time   Address       Interface
2.2.2.2        1      FULL/DR    00:00:34    192.168.1.2   FastEthernet0/1
```

R1 邻居表：

```
R1#show ip ospf neighbor

Neighbor ID    Pri    State      Dead Time   Address       Interface
3.3.3.3        0      FULL/-     00:00:30    192.168.2.2   Serial2/0
1.1.1.1        1      FULL/BDR   00:00:37    192.168.1.1   FastEthernet0/0
```

R2 邻居表：

```
R2#show ip ospf neighbor

Neighbor ID    Pri    State      Dead Time   Address       Interface
2.2.2.2        0      FULL/-     00:00:32    192.168.2.1   Serial2/0
4.4.4.4        1      FULL/DR    00:00:34    192.168.3.2   FastEthernet0/0
```

SW2 邻居表：

```
SW2#show ip ospf neighbor

Neighbor ID    Pri    State      Dead Time   Address       Interface
3.3.3.3        1      FULL/BDR   00:00:33    192.168.3.1   FastEthernet0/1
```

STEP 2：查看全网路由器的路由，若每台路由器都能学习到整网的路由，则 OSPF 协议配置正确。

SW1 路由表学习到如下 OSPF 路由：

```
O IA    10.4.1.0 [110/4] via 192.168.1.2,00:05:05,FastEthernet0/0
O IA 192.168.2.0/24 [110/2] via 192.168.1.2,00:05:15,FastEthernet0/0
O IA 192.168.3.0/24 [110/3] via 192.168.1.2,00:05:05,FastEthernet0/0
```

R1 路由表学习到如下 OSPF 路由：

```
O       10.1.1.0 [110/2] via 192.168.1.1,00:06:24,FastEthernet0/0
O IA    10.4.1.0 [110/3] via 192.168.2.2,00:06:09,FastEthernet1/0
O IA 192.168.3.0/24 [110/2] via 192.168.2.2,00:06:09,FastEthernet1/0
```

R2 路由表学习到如下 OSPF 路由：

```
O IA    10.1.1.0 [110/3] via 192.168.2.1,00:06:54,FastEthernet1/0
```

```
O        10.4.1.0 [110/2] via 192.168.3.2,00:06:59,FastEthernet0/0
```

```
O IA 192.168.1.0/24 [110/2] via 192.168.2.1,00:06:54,FastEthernet1/0
```

SW2 路由表学习到如下 OSPF 路由：

```
O IA      10.1.1.0 [110/4] via 192.168.3.1,00:07:24,FastEthernet0/0
```

```
O IA 192.168.1.0/24 [110/3] via 192.168.3.1,00:07:24,FastEthernet0/0
```

```
O IA 192.168.2.0/24 [110/2] via 192.168.3.1,00:07:24,FastEthernet0/0
```

（1）O 为路由类型的简写代码，表示该路由条目的获得方式为 OSPF。

（2）O IA 表示该路由条目的获得方式为 OSPF 其他区域。

【案例 2-3-2】　对基于图 2-3-3 所示拓扑结构及表 2-3-6、表 2-3-7 所示设备信息的网络中，全网运行多个路由协议，使用重分发技术使全网互通。具体配置要求如下。

（1）R1、R2 间运行 RIPv2，关闭自动汇总功能，通告 R1、R2 间的连接端口网段。

（2）R2、R3 间运行 OSPF 协议，通告 R2、R3 间的连接端口网段。

（3）在 R2 配置指向 PC2 网段的静态路由（下一跳 IP 地址方式），并重分发进入 RIP。

（4）在 R1 的 RIP 中重分发直连路由。

（5）在 R3 配置指向 R4 的默认路由（下一跳 IP 地址方式），并重分发进入 OSPF 协议。

（6）在 R4 配置指向 R3 的默认路由（下一跳 IP 地址方式）。

（7）在 R2 配置 RIPv2 和 OSPF 协议间互相重分发路由；OSPF 协议注入 RIP 度量值设置为 5，RIP 注入 OSPF 协议使用 subnets 参数通告详细子网。

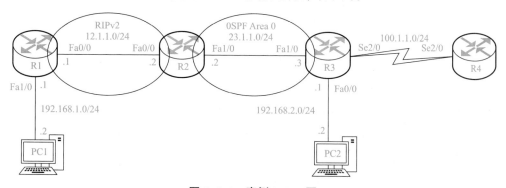

图 2-3-3　案例 2-3-2 图

【设备信息】

表 2-3-6　设备端口连接

设备名称	端口	设备名称	端口
R1	Fa1/0	PC1	Fa0
R1	Fa0/0	R2	Fa0/0
R2	Fa1/0	R2	Fa1/0
R3	Se2/0	R4	Se2/0
R3	Fa0/0	PC2	Fa0

表 2-3-7 设备端口地址

设备名称	端口	IP 地址	网关地址
R1	Fa1/0	192.168.1.1/24	—
R1	Fa0/0	12.1.1.1/24	—
R2	Fa0/0	12.1.1.2/24	—
R2	Fa1/0	23.1.1.2/24	—
R3	Fa1/0	23.1.1.3/24	—
R3	Se2/0	100.1.1.1/24	—
R3	Fa0/0	192.168.2.1/24	—
R4	Se2/0	100.1.1.2/24	—
PC1	NIC	192.168.1.2/24	192.168.1.1/24
PC2	NIC	192.168.2.2/24	192.168.2.1/24

【配置信息】

STEP 1: 根据设备信息修改主机名，配置 IP 地址。

略。

STEP 2: 按要求配置路由协议。

（1）配置 R1：配置 RIPv2，关闭自动汇总功能。

```
R1（config）#router rip
R1（config-router）#version 2
R1（config-router）#network 12.1.1.0
R1（config-router）#no auto-summary
R1（config-router）#exit
```

（2）配置 R2：配置 RIPv2，关闭自动汇总功能。

```
R2（config）#router rip
R2（config-router）#version 2
R2（config-router）#no auto-summary
R2（config-router）#network 12.1.1.0
R2（config-router）#exit
```

（3）配置 OSPF 协议。

```
R2（config）#router ospf 1
R2（config-router）#network 23.1.1.0 0.0.0.255 area 0
R2（config-router）#exit
```

（4）配置到 PC2 网段的静态路由。

```
R2（config）#ip route 192.168.2.0 255.255.255.0 23.1.1.3
```

（5）配置 R3。

①配置 OSPF 协议。

```
R3 (config) #router ospf 1
R3 (config-router) #network 23.1.1.0 0.0.0.255 area 0
R3 (config-router) #exit
```

②配置默认路由。

```
R3 (config) #ip route 0.0.0.0 0.0.0.0 100.1.1.2
```

（6）配置 R4：配置默认路由。

```
R4 (config) #ip route 0.0.0.0 0.0.0.0 100.1.1.1
```

STEP 3: 使用路由重分发技术实现全网连通。

（1）配置 R1：将直连路由重分发进入 RIP。

```
R1 (config) #router rip
R1 (config-router) #redistribute connected
R1 (config-router) #exit
```

（2）配置 R2。

①将静态路由、OSPF 协议重分发进入 RIP。

```
R2 (config) #router rip
R2 (config-router) #redistribute static
R2 (config-router) #redistribute ospf 1 metric 5
R2 (config-router) #exit
```

②将 RIP 重分发进入 OSPF 协议。

```
R2 (config) #router ospf 1
R2 (config-router) #redistribute rip subnets
R2 (config-router) #exit
```

（3）配置 R3：将默认路由重分发进入 OSPF 协议。

```
R3 (config) #router ospf 1
R3 (config-router) #default-information originate
R3 (config-router) #exit
```

【配置验证】

STEP 1: PC1 能 ping 通 PC2 和 100.1.1.2。

STEP 2: 查看全网路由器的路由，若除路由器直连路由外有以下所示路由，则配置正确。

R1 路由表：

```
R       23.1.1.0 [120/5] via 12.1.1.2,00:00:20,FastEthernet0/0
R       192.168.2.0/24 [120/1] via 12.1.1.2,00:00:20,FastEthernet0/0
R*      0.0.0.0/0 [120/5] via 12.1.1.2,00:00:20,FastEthernet0/0
```

R2 路由表：

```
R      192.168.1.0/24 [120/1] via 12.1.1.1,00:00:18,FastEthernet0/0
S      192.168.2.0/24 [1/0] via 23.1.1.3
O*E2   0.0.0.0/0 [110/1] via 23.1.1.3,00:01:27,FastEthernet1/0
```

R3 路由表：

```
O E2   12.1.1.0 [110/20] via 23.1.1.2,00:02:53,FastEthernet1/0
O E2   192.168.1.0/24 [110/20] via 23.1.1.2,00:02:53,FastEthernet1/0
S*     0.0.0.0/0 [1/0] via 100.1.1.2
```

注：O E2 表示通过其他路由协议重分发进入 OSPF 协议学习到的路由。

R4 路由表：

```
S*     0.0.0.0/0 [1/0] via 100.1.1.1
```

知识测评

【知识测评】

一、单选题

1. OSPF 协议采用的路由算法是（　　）。

A. 静态路由算法

B. 距离矢量路由算法

C. 链路状态路由算法

D. 逆向路由算法

2. 三层交换机中 OSPF 协议发现路由的默认优先级是（　　）。

A. 0

B. 110

C. 1

D. 150

3. 下列关于 OSPF 协议的说法中错误的是（　　）。

A. OSPF 协议支持基于端口的报文验证

B. OSPF 协议支持到同一目的地址的多条等值路由

C. OSPF 协议是一个基于距离矢量算法的边界网关路由协议

D. OSPF 协议发现的路由可以根据不同的类型而有不同的优先级

4. 下列哪些 OSPF 身份验证方法可用?（　　）

A. 只能纯文本

B. DES

C. 纯文本或 MD5

D. 3DES

5. 以下关于 OSPF 协议的描述中不正确的是（　　）。

A. 与 RIP 相比，OSPF 协议的路由寻径的开销更大

B. OSPF 协议使用 SPF 算法计算出到每个网络的最短路径

C. OSPF 协议具有路由选择速度慢、收敛性好、支持精确度量等特点

D. OSPF 协议是应用于自治系统之间的"外部网关协议"

二、填空题

1. OSPF 协议使用_____算法计算并生成路由表。

2. 对于运行 OSPF 协议的路由器来说，_____是路由器的唯一标识。

3. 运行在同一区域下的相邻 OSPF 路由器称为_____，OSPF 路由器把邻居的相关信息放在_____中。

4. 查看 OSPF 路由表的命令为：_____，查看邻居表的命令为：_____。

5. OSPF 骨干区域的区域号为_____。

三、简答题

1. 在两个相邻路由器间配置 OSPF 协议，使用不同的进程、相同的区域，邻居能正常建立起来吗？为什么？

2. 什么是路由重分发？

四、操作题

对基于图 2-3-4 所示拓扑结构及表 2-3-8、表 2-3-9 所示设备信息的网络，按照以下要求完成配置。

（1）在 R1 与 R2 上配置 OSPF 协议，进程号为 1，通告 R1 所有端口网段和 R2 的 Se2/0 端口 IP 地址所在网段。

（2）在 R2 与 R3 上运行 RIPv2，关闭自动汇总功能，通告 R3 所有端口网段和 R2 的 Se3/0 端口 IP 地址所在网段。

（3）在 R1 配置默认路由（下一跳 IP 地址方式）。

（4）在 R3 配置默认路由（下一跳 IP 地址方式）。

（5）在 R2 使用路由重分发技术，把 OSPF 协议和 RIP 互相注入，RIP 注入 OSPF 协议时包含详细子网，将 OSPF 协议注入 RIP 的跳数设置为 2。

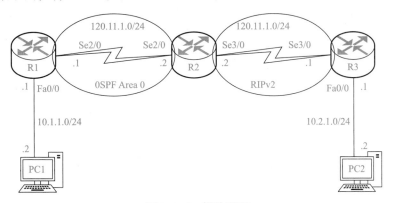

图 2-3-4　操作题图

表 2-3-8　设备端口连接

设备名称	端口	设备名称	端口
R1	Fa0/0	PC1	Fa0

设备名称	端口	设备名称	端口
R1	Se2/0	R2	Se2/0
R2	Se3/0	R3	Se3/0
R3	Fa0/0	PC2	Fa0

表 2-3-9 设备端口地址

设备名称	端口	IP 地址	网关地址
R1	Fa0/0	10.1.1.1/24	—
R1	Se2/0	120.11.1.1/24	—
R2	Se2/0	120.11.1.2/24	—
R2	Se3/0	121.11.1.2/24	—
R3	Fa0/0	10.2.1.1/24	—
R3	Se3/0	121.11.1.1/24	—
PC1	NIC	10.1.1.2/24	10.1.1.1/24
PC2	NIC	10.2.1.2/24	10.2.1.1/24

2.4　单元测试

【知识测评】

一、选择题

1. 当路由器接收到的数据的 IP 地址在路由表中找不到对应路由时，会进行（　　）操作。

    A. 丢弃数据　　　　　　　　　　　B. 分片数据

    C. 转发数据　　　　　　　　　　　D. 泛洪数据

2. 路由环路问题不会引起（　　）。

    A. 慢收敛　　　　　　　　　　　　B. 广播风暴

    C. 路由器重启　　　　　　　　　　D. 路由不一致

3. 下列哪些路由表项要由网络管理员手动配置？（　　）

    A. 静态路由　　　　　　　　　　　B. 直接路由

    C. 动态路由　　　　　　　　　　　D. 以上说法都不正确

4. 在运行 Windows 操作系统的计算机中配置网关，类似在路由器中配置（　　）。

    A. 直接路由　　　　　　　　　　　B. 默认路由

    C. 动态路由　　　　　　　　　　　D. 间接路由

5. 关于 RIP，下列说法中错误的有（　　）。

    A. RIP 是一种动态路由协议

    B. RIP 的选路与线路带宽无关

    C. RIP 是一种距离矢量路由协议

    D. RIP 是一种线路状态路由协议

6. 在 OSPF 协议中，（　　）不是两台路由器成为邻居关系的必要条件。

    A. 两台路由器的 Hello 时间一致

    B. 两台路由器的 Dead 时间一致

    C. 两台路由器的路由器 ID 一致

    D. 两台路由器所属区域一致

7. RIP 基于（　　）。

    A. UDP　　　　　　　　　　　　　B. TCP

    C. ICMP　　　　　　　　　　　　 D. Raw IP

8. RIP 的路由条目在（　　）内没有更新会变为不可达。

    A. 90s　　　　　　　　　　　　　 B. 120s

C. 180s　　　　　　　　　　D. 240s

9. RIP 在收到某一邻居网关发布来的路由信息后，下述对度量值的说法中错误的是（　　）。

A. 对本路由表中没有的路由条目，只在度量值小于不可达时增加该路由条目

B. 对本路由表中已有的路由条目，当发送报文的网关相同时，只在度量值减小时更新该路由条目的度量值

C. 对本路由表中已有的路由条目，当发送报文的网关不同时，只在度量值减小时更新该路由条目的度量值

D. 对本路由表中已有的路由条目，当发送报文的网关相同时，只要度量值有改变，一定会更新该路由条目的度量值

10. 在 RIP 中度量值等于（　　）为不可达。

A. 8　　　　　　　　　　　B. 10

C. 15　　　　　　　　　　　D. 16

11. RIP 引入路由抑制计时的作用是（　　）。

A. 节省网络带宽　　　　　　B. 防止网络中形成路由环路

C. 将路由不可达信息在全网扩散　　D. 通知邻居路由器哪些路由是从其处得到的

12. （　　）工作于网络层。

A. 集线器　　　　　　　　　B. 交换机

C. 路由器　　　　　　　　　D. 服务器

13. 已知某台路由器的路由表中有如下两个表项。

    O 9.0.0.0/8 [110/5] via 192.168.1.2,00:00:17,Seria0/1
    R 9.1.0.0/16 [120/2] via 192.168.1.2,00:00:17,FastEthernet0/0

如果该路由器要转发目的地址为 9.1.4.5 的报文，则下列说法中正确的是（　　）。

A. 选择第一项，因为 OSPF 协议的优先级高

B. 选择第二项，因为 RIP 的度量值小

C. 选择第二项，因为出口是 FastEthternet0/0，比 Seria0/1 速度快

D. 选择第二项，因为该项对于目的地址 9.1.4.5 来说是更精确的匹配

14. 对于 IP 地址 192.168.19.255/20，下列说法中正确的是（　　）。

A. 这是一个广播地址　　　　B. 这是一个网络地址

C. 这是一个私有地址　　　　D. 地址在 192.168.19.0 网段上

15. 对路由器 A 配置 RIP，并在端口 Se2/0（IP 地址为 10.0.0.1/24）所在网段使能 RIP，在全局配置模式下使用的第一条命令是（　　）。

A. router rip　　　　　　　B. rip 10.0.0.0

C. network 10.0.0.1　　　　D. network 10.0.0.0

16. 对于 RIP，可以到达目标网络的跳数（所经过路由器的个数）最多为（　　）。

A. 12   B. 15

C. 16   D. 没有限制

17. 不支持 VLSM 的路由协议有（   ）。

A. RIPv1   B. RIPv2

C. OSPF 协议   D. IS-IS 协议

18. 以下对路由优先级的说法中不正确的是（   ）。

A. 仅用于 RIP 和 OSPF 协议之间   B. 用于不同路由协议之间

C. 是路由选择的重要依据   D. 直接路由的优先级默认为 0

19. 以下配置默认路由的命令正确的是（   ）。

A. ip route 0.0.0.0 0.0.0.0 172.16.2.1

B. ip route 0.0.0.0 255.255.255.255 172.16.2.1

C. ip router 0.0.0.0 0.0.0.0 172.16.2.1

D. ip router 0.0.0.0 0.0.0.0 172.16.2.1

20. 在路由器上，应该使用（   ）命令来观察网络的路由表。

A. show ip path   B. show ip router

C. Show interface   D. Show running-config

二、填空题

1. RIP 依据_____来选择最佳路由。

2. RIP 是距离矢量路由协议，与 RIP 相对，OSPF 协议是_____协议，其开销值是根据_____来计算的。

3. OSPF 协议中骨干区域的区域号为_____。

4. RIP 定义最大跳步数是为了解决_____问题。

5. OSPF 路由器收集线接状态信息并使用_____算法来计算到各节点的最短路径。

6. RIP 规定路径长度为_____的路由器跳数时，被视为不可达的路径。

7. 路由器将不知道路径的业务转发到_____。

8. _____路由协议必须要由网络管理员手动配置。

9. 若从静态路由协议、RIP、OSPF 协议几种协议学到了 151.10.0.0/16 路由，路由器将优选_____协议。

10. 按寻径算法分类，动态路由协议可以分成两大类，分别是_____和_____。

三、判断题

1. OSPF 协议本身的算法保证了它是没有路由环路的。   （   ）

2. 动态路由协议 RIP、OSPF 协议都支持 VLSM。   （   ）

3. 默认路由是一种特殊的动态路由。   （   ）

4. 自动更新路由是静态路由的优点。   （   ）

5. RIPv2 默认使用路由聚合（汇总）功能。   （   ）

四、简答题

1. 根据来源的不同，路由表中的路由通常可分为哪三类？

2. 什么是 AD（管理距离）？

3. 为什么通常使用 Loopback 端口地址作为路由器的管理地址？使用该端口地址作为 OSPF 协议的路由器 ID 又是什么原因？

五、操作题

1. 对基于图 2-4-1 所示拓扑结构及表 2-4-1、表 2-4-2 所示设备信息的网络，通过静态路由和默认路由方式实现网络的连通，使用浮动路由实现主、备路由，最终使 PC1、PC2 能互相通信。具体配置要求如下。

（1）在 R2 上配置静态路由，添加 172.16.1.0/24、172.16.2.0/24 网段路由（下一跳 IP 地址方式）。

（2）在 R1 配置去往 R2、R3 的两条默认路由（下一跳 IP 地址方式），往 R2 路由的 AD 值为 5。

（3）在 R3 配置去往 R1、R3 的两条默认路由（下一跳 IP 地址方式），往 R2 路由的 AD 值为 5。

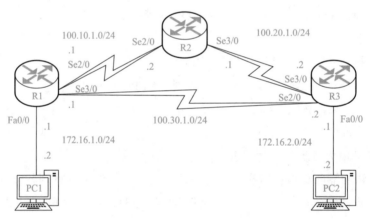

图 2-4-1　操作题 1. 图

【设备信息】

表 2-4-1　设备端口连接

设备名称	端口	设备名称	端口
R1	Fa0/0	PC1	Fa0
R1	Se2/0	R2	Se2/0
R1	Se3/0	R3	Se2/0
R2	Se3/0	R3	Se3/0
R3	Fa0/0	PC2	Fa0

表 2-4-2　设备端口地址

设备名称	端口	IP 地址	网关地址
R1	Fa0/0	172.16.1.1/24	—
R1	Se2/0	100.10.1.1/24	—
R1	Se3/0	100.30.1.1/24	—
R2	Se2/0	100.10.1.2/24	—
R2	Se3/0	100.20.1.1/24	—
R3	Fa0/0	172.16.2.1/24	—
R3	Se2/0	100.30.1.2/24	—
R3	Se3/0	100.20.1.2/24	—
PC1	NIC	172.16.1.2/24	172.16.1.1/24
PC2	NIC	172.16.2.2/24	172.16.2.1/24

2.　对基于图 2-4-2 所示拓扑结构及表 2-4-3、表 2-4-4 所示设备信息的网络，使用 RIPv2 配置网络连通性。

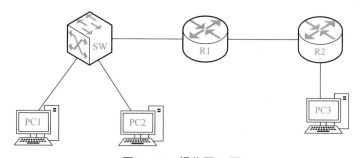

图 2-4-2　操作题 2. 图

要求：全网路由器运行 RIPv2，关闭自动汇总功能，使全网路由可达。

【设备信息】

表 2-4-3　设备端口连接

设备名称	端口	设备名称	端口
SW	Fa0/1	PC1	Fa0
SW	Fa0/2	PC2	Fa0
SW	Fa0/3	R1	Fa0/0
R1	Se2/0	R2	Se2/0
R2	Fa0/0	PC3	Fa0

表 2-4-4　设备端口地址

设备名称	端口	IP 地址
SW	Fa0/1（Vlan 10）	172.16.1.100/24
SW	Fa0/2（Vlan 20）	172.16.2.100/24
SW	Fa0/3	192.168.1.1/24
R1	Fa0/0	192.168.1.2/24
R1	Se2/0	192.168.2.1/24
R2	Se2/0	192.168.2.2/24
R2	Fa0/0	192.168.3.100/24
PC1	NIC	172.16.1.1/24
PC2	NIC	172.16.2.1/24
PC3	NIC	192.168.3.1/24

单元 3

接入 WAN 技术

导读

　　广域网（Wide Area Network，WAN）是连接不同地区局域网或城域网的远程网络，通常跨越很大的物理范围，所覆盖的范围从几十千米到几千千米，它能连接多个地区、城市和国家，提供远距离通信，形成国际性的远程网络。WAN 的发送介质主要是电话线或光纤，由 ISP（Internet 服务提供商）在企业间做连线，这些线是 ISP 预先埋在马路下的线路，因为工程浩大，维修不易，而且带宽是可以被保证的，所以成本比较高。WAN 的特征主要包括：需要使用一些公共通信服务设施，传输速率要低于 LAN，信息比较复杂，所需的交换设备和传输信道较复杂。本单元将分别从点到点协议、访问控制列表、扩展 IP 地址空间三个模块讲述接入 WAN 技术的相关知识。

 **3.1 点到点协议**

学习目标

- 理解 PPP 的原理。
- 掌握 PPP 的概念和配置。
- 理解 PAP 和 CHAP 认证的原理。
- 掌握简单的 WAN 线路故障排除方法。
- 熟练掌握 PAP 和 CHAP 认证的配置及验证方法。

内容梳理

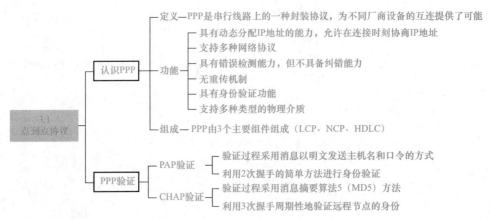

知识概要

常见的 WAN 封装方式有 HDLC、PPP 和 Frame-relay 等。其中，HDLC（High-Level Data Link Control，高级数据链路控制）是由国际标准化组织（ISO）开发的、面向比特的同步数据链路层协议，当前的 HDLC 标准是 ISO13239。思科公司的 HDLC 协议对标准 HDLC 协议进行了扩展，包含一个用于识别封装网络协议的字段，因此思科设备与非思科设备无法通过标准 HDLC 协议进行 WAN 连接。为了保证思科设备与非思科设备可以相互连接，选择使用点到点协议（PPP）实现 WAN 连接。本节侧重讲解 PPP。

1. 认识 PPP

PPP 是串行链路上的一种封装协议，为不同厂商设备的互连提供了可能，并且支持验证、多链路捆绑、回拨和压缩等功能。PPP 可以提供对多种网络层协议的支持。

1）PPP 的常见功能

PPP 是用于在同等单元之间传输数据包的链路层协议。这种链路提供全双工操作，并按照顺序传递数据包。其设计目的主要是通过拨号或专线方式建立点对点连接发送数据，这使其成为各种主机、网桥和路由器之间简单连接的共通的解决方案。PPP 具有以下功能。

（1）PPP 具有动态分配 IP 地址的能力，允许在连接时刻协商 IP 地址。

（2）PPP 支持多种网络协议，如 TCP/IP、NetBEUI 协议、NWLink 协议等。

（3）PPP 具有错误检测能力，但不具备纠错能力，所以 PPP 是不可靠传输协议。

（4）无重传机制，网络开销小，速度快。

（5）PPP 具有身份验证功能。

（6）PPP 可以用在多种类型的物理介质上，包括串口线、电话线、移动电话和光纤（例如 SDH），PPP 也用于 Internet 接入。

2）PPP 的主要组件

PPP 由 3 个主要组件组成，包括：链路层封装格式规范，即用于点到点链路上封装数据包的 HDLC 协议；链路控制协议，即用于建立、配置和测试数据链路连接的可扩展链路控制协议（LCP）；网络控制协议，即用于建立和配置各种网络层协议的一系列网络控制协议（NCP）。

3）PPP 的帧结构

PPP 的帧结构包含 6 个字段，如图 3-1-1 所示。

标志	地址	控制	协议	数据	FCS

图 3-1-1 PPP 的帧结构

PPP 采用 7EH（01111110）作为一帧的开始或结束标志，占 1 个字节；地址字段由标准广播地址（0xFF）组成，占 1 个字节；控制字段为二进制序列"00000011"，要求以不排序的帧传输用户数据；协议字段占 2 个字节，用于标识帧的数据字段中封装的协议；数据字段为 0 或多个字节，包含协议字段中指定协议的数据包，数据字段的默认最大长度为 1 500 字节；帧校验序列（FCS）也为 2 个字节，用于对信息域的校验，检查 PPP 帧的比特电平错误。

2. PPP 的应用

在串行链路上，一端是数据终端设备（DTE），另一端必然是数据通信设备（DCE），DTE 从 DCE 学习同步参数（时钟频率），实现数据同步传输。

【例 3-1-1】 对基于图 3-1-2 所示拓扑结构及表 3-1-1、表 3-1-2 所示设备信息的网络，请按照以下要求完成配置。

（1）根据设备信息修改主机名，配置 IP 地址。

（2）将 R1 与 R2 连接端口封装为 PPP。

（3）在 DCE 端配置时钟频率值 6 400。

（4）测试连通性。

图 3-1-2　串行链路封装协议

【设备信息】

表 3-1-1　设备端口连接

设备名称	端口	设备名称	端口
R1	S0/0/0	R2	S0/0/0

表 3-1-2　设备端口地址

设备名称	端口	IP 地址
R1	S0/0/0	192.168.2.1/24
R2	S0/0/0	192.168.2.2/24

【配置信息】

STEP 1:　在路由器 R1 上按要求完成配置。

```
interface Serial0/0/0
    encapsulation ppp
    clock rate 64000
```

STEP 2:　在路由器 R2 上按要求完成配置。

```
interface Serial0/0/0
    encapsulation ppp
```

【测试】进行连通性测试

```
R1#ping 192.168.2.2
Type escape sequence to abort.
Sending 5,100-byte ICMP Echos to 192.168.2.2,timeout is 2 seconds:
!!!!!
Success rate is 100 percent（5/5）,round-trip min/avg/max = 1/4/7 ms
```

为了保证读者的学习效果，编者制作了 PKA 文件，以方便读者自主学习。

应知应会

没有信息化就没有现代化，中国的现代化离不开信息化，信息化离不开网络空间，网络空间已经成为继陆、海、空、天之外的第五类疆域，网络空间安全与国家安全息息相关，数据传输安全是网络安全的重要组成部分。WAN 链路提供了两种 PPP 验证协议，即 PAP（口令验证协议）和 CHAP（挑战握手验证协议）。

验证（Authentication）是指一系列安全功能，用于帮助一台设备确认另一台设备被允许通信，而不是一个冒充者。例如，假设 R1 和 R2 通过一条串行链路通信，R1 希望 R2 通过某种方式证实自己是 R2，PAP 验证或 CHAP 验证提供了证明自己身份的方法。接下来通过两个案例学习 PAP 验证和 CHAP 验证。

1. PAP 验证

PAP 验证需要在两个设备之间交换信息，可以鉴别一条 PPP 串行链路任意一端的端点。PAP 验证的特点是被认证方向认证方发送包含用户名和口令的第一个明文信息，对方收到信息之后进行验证，验证确认之后开始通信。为了更好地理解被验证方与验证方的逻辑关系，下面设计一个单向 PAP 验证实验。

【例 3-1-2】 对基于图 3-1-2 所示拓扑结构及表 3-1-1、表 3-1-2 所示设备信息的网络，请按照以下要求完成配置。

（1）设备已经修改了主机名并配置了 IP 地址。

（2）将 R1 与 R2 连接端口封装为 PPP。

（3）在 R1 与 R2 之间配置 PAP 验证，其中 R2 为验证方，验证用户名和口令分别为 user1 和 cisco。

（4）在 DCE 端配置时钟频率值 6 400。

（5）测试连通性。

【配置信息】

STEP 1: 按要求在路由器 R1 上进行配置。

```
interface Serial0/0/0
    encapsulation ppp
    clock rate 64000
    ppp pap sent-username Skill password Skills
```

STEP 2: 按要求在路由器 R2 上进行配置。

```
username user1 password cisco
interface Serial0/0/0
    encapsulation ppp
    ppp authentication pap
```

【测试】进行连通性测试。

```
R1#ping 192.168.2.2
Type escape sequence to abort.
Sending 5,100-byte ICMP Echos to 192.168.2.2,timeout is 2 seconds:
```

!!!!!

Success rate is 100 percent（5/5）,round-trip min/avg/max = 4/4/7 ms

为了保证读者的学习效果，编者制作了 PKA 文件，以方便读者自主学习。

2. CHAP 验证

CHAP 验证的安全性比 PAP 验证高，因为 PAP 验证在消息中用明文发送账号和口令。如果有人在线路中放置跟踪工具，就可以轻易地读到这些信息。CHAP 验证则使用单向散列算法，并且加上一个共享随机数，而输入算法的口令则永远不会在线路上传送。CHAP 验证的基本原理是认证端向对端发送"挑战"信息，对端接收到"挑战"信息后用指定的算法计算出应答信息然后发送给认证端，认证端通过比较应答信息是否正确来判断验证的过程是否成功。如果使用 CHAP，认证端在连接的过程中每隔一段时间就会发出一个新的"挑战"信息，以确认对端连接是否经过授权。接下来，进行一个最简单的双向 CHAP 验证配置。

【例 3-1-3】 对基于图 3-1-2 所示拓扑结构及表 3-1-1、表 3-1-2 所示设备信息的网络，请按照以下要求完成配置。

（1）根据设备信息修改主机名，配置 IP 地址。

（2）将 R1 与 R2 连接端口封装为 PPP，在 DCE 端配置时钟频率值 6 400。

（3）在 R1 与 R2 之间配置 CHAP 双向验证，验证口令为 cisco。

（4）测试连通性。

【配置信息】

STEP 1: 按要求完成路由器 R1 的配置。

```
username R2 password cisco
interface Serial0/0/0
    encapsulation ppp
    clock rate 64000
    ppp authentication chap
```

STEP 2: 按要求完成路由器 R2 的配置。

```
username R1 password cisco
interface Serial0/0/0
    encapsulation ppp
    ppp authentication chap
```

【测试】进行连通性测试。

```
R1#ping 192.168.2.2
Type escape sequence to abort.
Sending 5,100-byte ICMP Echos to 192.168.2.2,timeout is 2 seconds:
!!!!!
```

Success rate is 100 percent（5/5），round-trip min/avg/max = 4/4/7 ms

为了保证读者的学习效果，编者制作了 PKA 文件，以方便读者自主学习。

典型案例

【案例 3-1-1】 下列哪一个 PPP 验证协议可以不用发出任何明文密码信息就可以连接链路另一端的设备？（　　）

A．MD5　　　　　　　　　　　B．PAP

C．CHAP　　　　　　　　　　　D．DES

【解析】CHAP 的优点在于密钥不在网络中传送，不会被窃听。由于使用 3 次握手的方法，发起连接的一方如果没有收到"挑战信息"就不能进行验证，所以在某种程度上 CHAP 不容易被强制攻击，CHAP 验证也不需要发出任何明文密码信息。

【答案】C

【案例 3-1-2】 两台路由器未经过初始化配置。在实验中，一台路由器使用 DTE 电缆与 R1 连接，另一台路由器用 DCE 电缆与 R2 连接，然后 DTE 电缆与 DCE 电缆相互连接，将两台路由器连接起来。网络管理员要创建一个正在运行的 PPP 链路。假设该物理背靠背链路在物理上工作正常，那么为了在这条链路上能够达到 R1 ping 通 R2 的串行 IP 地址状态，需要在 R1 上使用哪些命令？（　　）

A．encapsulation ppp

B．no encapsulation hdlc

C．clock rate

D．ip address

【解析】本案例考核的是 PPP 中的 DTE 和 DCE 特性，以及串行链路的封装方式，时钟频率只能在 DCE 端设置，串行链路的封装方式使用 encapsulation xx 进行切换。另外，要实现 ping 通，自然需要配置 IP 地址。

【答案】AD

【案例 3-1-3】 在配置 PPP 的 PAP 验证时，下列哪些操作是必须的？（　　）

A．把被认证方的用户名和密码加入认证方的本地用户列表

B．配置与对端设备相连端口的封装类型为 PPP

C．设置 PPP 的认证模式为 CHAP

D．在被认证方配置向认证方发送用户名和密码

【解析】本案例考核的是 PAP 验证的核心知识内容。在 PAP 验证过程中需要分清谁是认证方，谁是被认证方，被认证方需要向认证方发送用户名和密码，认证方需要建立相应的本地用户列表，认证方和被认证方都要求封装为 PPP。

【答案】ABD

知识测评

一、选择题

1. 下列哪一个 PPP 控制 CHAP 运转？（　　）

A. CDPCP   B. IPCP

C. LCP   D. IPXCP

2. 假设两个路由器 RT-1 和 RT-2 之间为串口链路。每个路由器清除各自的配置，然后重新加载。RT-1 配置了如下命令：

```
hostname RT-1
interface s0/0
    encapsulation ppp
    ppp authentication chap
```

假设 RT-2 已经正确配置，口令为 fred。下列哪些配置命令可以完成 RT-1 的配置，使得 CHAP 工作正常？（　　）

A. username RT-1 password fred

B. ppp chap

C. ppp chap password fred

D. username RT-2 password fred

3. 两个路由器之间有一条串行链路，该链路配置为使用 PPP，并且所有端口正确配置了 RIP。网络管理员可以 ping 通链路另一端的 IP 地址，而不能 ping 另一台路由器的 LAN 端口的 IP 地址。下列哪个选项可能是问题的起因？（　　）

A. 与 CSU/DSU 相连的另一台路由器没有接通电源

B. 链路另一端路由器的串行 IP 地址与本地路由器不在一个子网中

C. CHAP 验证失败

D. 链接另一端的路由器已经配置为应用 HDLC 协议

4. 在串行端口配置 PPP 的 CHAP 验证时，验证方发出的挑战报文不包括下列哪个参数？（　　）

A. 随机字符串   B. 挑战用户名

C. 挑战算法   D. 报文 ID

5. 在 PPP 的 CHAP 验证过程中，敏感信息以什么形式进行传送？（　　）

A. 明文   B. 加密

C. 摘要   D. 加密的摘要

二、填空题

1. PPP 比 HDLC 协议更安全可靠，是因为 PPP 支持_____和_____。

2. PPP 标志字段的值是_____（写出二进制形式）。

3. PPP 由_____、_____、_____ 3 个部分组成。

4. PPP 分成 3 个子层，分别是_____、_____和 HDLC。

5. PPP 是_____层的协议。

三、判断题

1. PPP 具备差错纠正机制，能确保数据传输正确，是可靠服务协议。　　　（　　）

2. PPP 比 HDLC 协议复杂。　　　（　　）

3. PPP 的透明传输采用的方法是零比特插入。　　　（　　）

4. PPP 数据帧结构中，可以通过协商取消的字段是地址字段和控制字段。　　　（　　）

5. PPP 支持多点线路。　　　（　　）

四、简答题

1. 请简述 PPP 协商流程。

2. 请画出 PAP 验证过程示意图。

五、操作题

对基于图 3-1-3 所示拓扑结构及表 3-1-3、表 3-1-4 所示设备信息的网络，请按照以下要求完成配置。

（1）修改主机名，配置 IP 地址。

（2）配置 RIPv2，实现全网互连互通。

（3）将 R1 与 R2 连接端口封装为 PPP，在 DCE 端配置时钟频率值 6 400。

（4）在 R1 与 R2 之间配置 PAP 双向验证，验证用户名为 user1，口令为 cisco。

（5）测试连通性。

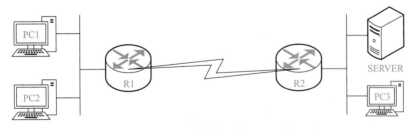

图 3-1-3　串行链路封装双向 PAP 验证示意

表 3-1-3　设备端口连接

设备名称	端口	设备名称	端口
R1	S0/0/0	R2	S0/0/0
R1	Fa0/0	S1	Fa0/1
R2	Fa0/0	S2	Fa0/1
S1	Fa0/2	PC1	Fa0
S1	Fa0/3	PC2	Fa0

设备名称	端口	设备名称	端口
S2	Fa0/2	SERVER	Fa0
S2	Fa0/3	PC3	Fa0

表 3-1-4　设备端口地址

设备名称	端口	IP 地址	网关地址
R1	S0/0/0	192.168.2.1/24	
R1	Fa0/0	192.168.10.254/24	
R2	S0/0/0	192.168.2.2/24	
R2	Fa0/0	192.168.20.254/24	
PC1	NIC	192.168.10.10/24	192.168.10.254
PC2	NIC	192.168.10.20/24	192.168.10.254
PC3	NIC	192.168.20.10/24	192.168.20.254
SERVER	NIC	192.168.20.100/24	192.168.20.254

3.2　IP ACL 技术

学习目标

- 理解 IP ACL 的工作原理。
- 掌握 IP ACL 的概念和配置。
- 掌握标准 IP ACL 的配置原理。
- 掌握扩展 IP ACL 的配置原理。
- 熟练掌握 IP ACL 的应用和配置技巧。

内容梳理

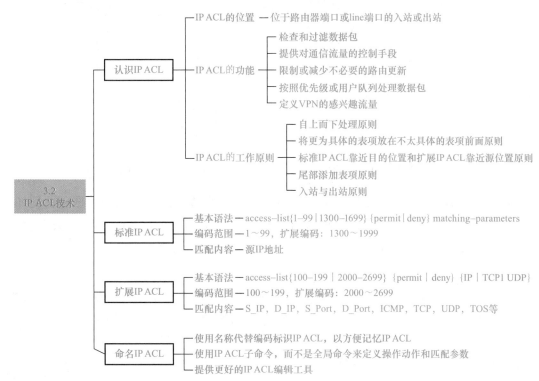

知识概要

　　IP 访问控制列表（IP ACL）在思科路由器中可以完成许多功能，最常见的就是过滤数据包。网络管理员可以在路由器上启用 IP ACL，这样 IP ACL 就加入经过该路由器转发数据包的路径。启用 IP ACL 后，路由器会考虑是应该丢弃每个数据包，还是就像 IP ACL 不存在一样继续传输数据包。

1. 认识 IP ACL

IP ACL 是控制网络访问的一种有利的工具，是一种路由器配置脚本，它根据从数据包包头中发现的信息（源地址、目的地址、源端口、目的端口和协议等）来控制路由器应该允许还是拒绝数据包通过，从而达到访问控制的目的。使用 IP ACL 主要侧重 3 个方面，即启用 IP ACL 的位置及方向、通过检查报头匹配数据包和匹配数据包后采取的操作。

1）IP ACL 的位置

思科路由器可以在 IP 数据包进入或者离开端口的位置应用 IP ACL 逻辑操作。也就是说，IP ACL 可应用于路由器的入站，也可以用于路由器的出站。图 3-2-1 中的箭头标出了在该网络拓扑结构中，数据包在从左到右流动的过程中过滤数据包的位置。

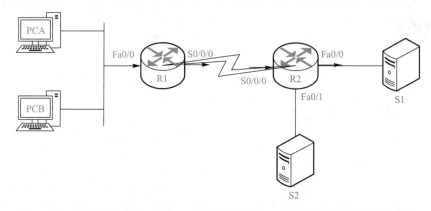

图 3-2-1　对于来自 PCA 和 PCB 发送到服务器 S1 的数据包进行过滤的位置

当启用 IP ACL 时，路由器会利用 IP ACL 处理每个入站或者出站的数据包。例如，如果在 R1 的端口 F0/0 上对入站数据包启用 IP ACL，那么每个在 F0/0 入站的数据包与 IP ACL 进行比较，最终决定该数据包的命运：保持继续传输或者丢弃。

2）匹配数据包

IP ACL 的应用非常广泛，功能强大，其主要功能体现在 5 个方面，即检查和过滤数据包、提供对通信流量的控制手段、限制或减少不必要的路由更新、按照优先级或用户队列处理数据包、定义 VPN 的感兴趣流量。

每个 IP ACL 由一个或多个配置命令组成，每个配置命令会详细列出在数据包报头内需要寻找的值，IP ACL 命令的逻辑方法就是比照数据包报头的值，以决定继续传输或丢弃。例如，考虑图 3-2-2 所示示例，在本示例中启用 IP ACL 所选的位置为 R2 的 S0/0/0 端口的入站，实现允许来自 PCA 的数据包到达服务器 S1，而丢弃 PCB 也想到达服务器 S1 的数据包。IP ACL 的伪代码内容如图 3-2-2 所示。

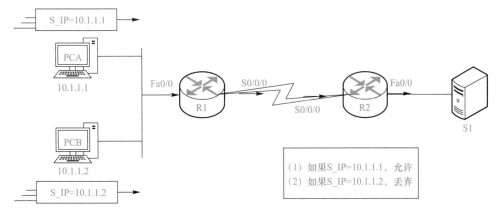

图 3-2-2　IP ACL 命令匹配逻辑的伪代码示例

为了更好地学习 IP ACL 技术，必须掌握 IP ACL 工作方式的特征，明确在工程应用中配置 IP ACL 的原则。

（1）自上而下处理原则：IP ACL 表项的检查按自上而下的顺序进行，并且从第一个表项开始，最后默认为 deny any。一旦匹配某一条件，就停止检查后续的表项，因此 IP ACL 必须考虑先后顺序，例如图 3-2-3 所示的源 IP 地址与 IP ACL 伪代码的匹配过程。

图 3-2-3　IP ACL 表项与主机 A、B、C 发送数据包比较

（2）尾部添加表项原则：新的表项在不指定序号的情况下，默认添加到 IP ACL 的末尾。

（3）IP ACL 放置原则：标准 IP ACL 尽量放置在靠近目的的位置上，扩展 IP ACL 尽量放置在靠近源的位置上。

（4）语句的位置原则：由于 IP 协议包含 ICMP、TCP、UDP 等，所以应该将更为具体的表项放在不太具体的表项前面，以保证不会出现前面的语句否定后面的语句的情况。例如，在图 3-2-3 中，若伪代码 if Source=10.1.1.x deny 和 if source=10.x.x.x permit 交换位置，就会出现 S_IP=10.1.1.2 被允许的情况。

（5）入站与出站原则：如果为了减少路由器执行查找开销，最好选择入站 IP ACL，相比之下，入站 IP ACL 比出站 IP ACL 更加高效。

3）匹配发生的操作

使用 IP ACL 过滤数据包，实际上可供选择的操作只有两种。匹配关键字为 deny，表示丢弃数据包；匹配关键字为 permit，表示允许数据包继续传输。

2. IP ACL 的类型

IP ACL 通常有两种类型：标准 IP ACL 和扩展 IP ACL。初学 IP ACL 时，通常使用的是 IP ACL 自定义编码形式。IP ACL 的类型比较如图 3-2-4 所示，根据 IP ACL 的功能特性，IP ACL 有以下形式。

（1）标准 IP ACL（编号范围：1～99）；

（2）扩展 IP ACL（编号范围：100～199）；

（3）附加 IP ACL（编号范围：1300～1999 标准，2000～2699 扩展）；

（4）命名 IP ACL。

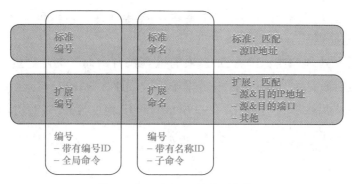

图 3-2-4   IP ACL 的类型比较

应知应会

IP ACL 是路由器配置的一种脚本，是根据 IP 数据的报文信息进行流量控制的安全技术，控制流量的手段包含允许（permit）和拒绝（deny）。接下来，介绍标准 IP ACL 和扩展 IP ACL。

1. 标准 IP ACL

标准 IP ACL 只过滤与源 IP 地址匹配的数据包。标准 IP ACL 使用如下全局命令：

```
access-list {1-99|1300-1699} {permit|deny} matching-parameters
```

每个标准 IP ACL 利用同一编号可包含一个或多个 access-list 命令，其语法格式中的短线表示编号可选范围。

标准 IP ACL 是 IP ACL 中最简单的配置，基本配置步骤如下。

STEP 1：根据 IP ACL 放置原则，配置路由器时标准 IP ACL 尽量放置在靠近目的的位置。

STEP 2：根据标准 IP ACL 的语法格式，定义 IP ACL 逻辑。

STEP 3：在靠近目标网络端口或虚拟终端上启用标准 IP ACL。

为了更好地学习标准 IP ACL，接下来通过实例进行讲解。

【例 3-2-1】　对基于图 3-2-5 所示拓扑结构及表 3-2-1、表 3-2-2 所示设备信息的网络，请按照以下要求完成配置。

（1）设备已经正确配置主机名、IP 地址和路由协议。

（2）将 R1 与 R2 连接端口封装为 PPP，在 DCE 端配置时钟频率值 6 400。

（3）允许 PC1 所在的 IP 网络访问 192.168.3.0/24。

（4）允许 PC2 访问 192.168.3.0/24。

（5）测试连通性。

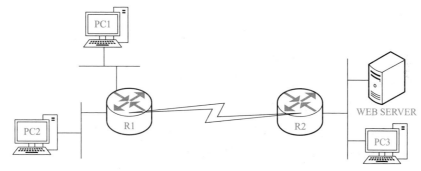

图 3-2-5　标准 IP ACL 配置示意

【设备信息】

表 3-2-1　设备端口连接

设备名称	端口	设备名称	端口
R1	S0/0/0	R2	S0/0/0
R1	Fa0/0	S1	Fa0/1
R1	Fa0/1	S2	Fa0/1
R2	Fa0/0	S3	Fa0/1
S1	Fa0/2	PC1	Fa0
S2	Fa0/2	PC2	Fa0
S3	Fa0/2	WEB SERVER	Fa0
S3	Fa0/3	PC3	Fa0

表 3-2-2　设备端口地址

设备名称	端口	IP 地址	网关地址
R1	S0/0/0	10.1.1.1/24	—
R1	Fa0/0	192.168.1.1/24	—
R1	Fa0/1	192.168.2.1/24	—
R2	S0/0/0	10.1.1.2/24	—
R2	Fa0/0	192.168.3.1/24	—
WEB SERVER	NIC	192.168.3.11	192.168.3.1

续表

设备名称	端口	IP 地址	网关地址
PC1	NIC	192.168.1.10	192.168.1.1
PC2	NIC	192.168.2.10	192.168.2.1
PC3	NIC	192.168.3.10	192.168.3.1

【配置信息】

STEP 1: 按要求配置路由器 R1。

```
interface Serial0/0/0
    encapsulation ppp
    clock rate 128000
```

STEP 2: 按要求配置路由器 R2。

```
interface Serial0/0/0
    encapsulation ppp
access-list 1 permit 192.168.1.0 0.0.0.255
access-list 1 permit host 192.168.2.10
interface FastEthernet0/0
    ip access-group 1 out
```

STEP 3: 测试连通性。

```
C:\>ping 192.168.3.11
Request timed out.
Reply from 192.168.3.11:bytes=32 time=18ms TTL=126
Reply from 192.168.3.11:bytes=32 time=1ms TTL=126
Reply from 192.168.3.11:bytes=32 time=2ms TTL=126
```

为了保证读者的学习效果，编者制作了 PKA 文件，以方便读者自主学习。

2. 扩展 IP ACL

标准 IP ACL 只与源 IP 地址匹配，而扩展 IP ACL 则可以匹配多种数据包报头字段。扩展 IP ACL 与标准 IP ACL 一样，也使用 access-list 全局命令定义，都含有关键字 permit 和 deny。IP 报头的协议字段所定义的报头紧跟在 IP 报头后面，IP 报头格式示意如图 3-2-6 所示。

图 3-2-6　IP 报头格式示意

为了更好地学习扩展 IP ACL，接下来通过实例进行讲解。

【例 3-2-2】对基于图 3-2-7 所示拓扑结构及表 3-2-3、表 3-2-4 所示设备信息的网络，请按照以下要求完成配置。

（1）设备已经正确配置主机名、IP 地址和路由协议。

（2）拒绝 PC1 所在 IP 网络访问 SERVER（172.16.3.100）的 Web 服务。

（3）拒绝 PC2 所在 IP 网络访问 SERVER 的 FTP 服务。

（4）拒绝 PC1 所在 IP 网络访问 SERVER 的 MySQL 服务。

（5）拒绝 PC1 所在 IP 网络访问 R3 的 Telnet 服务。

（6）拒绝 PC1 和 PC2 所在 IP 网络 ping 通 SERVER。

（7）只允许 R3 以端口 Serial0/0/1 为源 ping R2 的端口 Serial0/0/1 的 IP 地址，不允许 R2 以端口 Serial0/0/1 为源 ping R3 的端口 Serial0/0/1 的 IP 地址，即单向 ping。

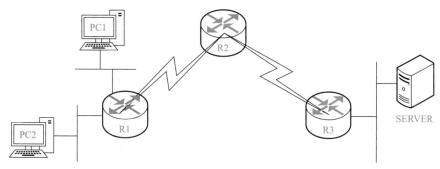

图 3-2-7　扩展 IP ACL 示意

【设备信息】

表 3-2-3　设备端口连接

设备名称	端口	设备名称	端口
R1	S0/0/0	R2	S0/0/0
R1	Fa0/0	S1	Fa0/1
R1	Fa0/1	S2	Fa0/1
R2	S0/0/1	R3	S0/0/1
R3	Fa0/0	S3	Fa0/1
S1	Fa0/2	PC1	Fa0
S2	Fa0/2	PC2	Fa0
S3	Fa0/2	SERVER	Fa0

表 3-2-4　设备端口地址

设备名称	端口	IP 地址	网关地址
R1	S0/0/0	172.16.12.1/24	—
R1	Fa0/0	172.16.1.1/24	—
R1	Fa0/1	172.16.2.1/24	—

设备名称	端口	IP 地址	网关地址
R2	S0/0/0	172.16.12.2/24	—
R2	S0/0/1	172.16.23.2/24	—
R3	S0/0/1	172.16.23.3/24	—
SERVER	NIC	172.16.3.100	172.16.3.1
PC1	NIC	172.16.1.100	172.16.1.1
PC2	NIC	172.16.2.100	172.16.2.1

【配置信息】

STEP 1: 按要求完成路由器 R1 的配置。

拒绝 PC1 所在 IP 网络访问 SERVER 的 Web 服务

access-list 100 deny tcp 172.16.1.0 0.0.0.255 host 172.16.3.100 eq www

拒绝 PC2 所在 IP 网络访问 SERVER 的 FTP 服务

access-list 100 deny tcp 172.16.2.0 0.0.0.255 host 172.16.3.100 eq ftp

access-list 100 deny tcp 172.16.2.0 0.0.0.255 host 172.16.3.100 eq 20

拒绝 PC1 所在 IP 网络访问 SERVER 的 MySQL 服务

access-list 100 deny tcp 172.16.1.0 0.0.0.255 host 172.16.3.100 eq 1433

拒绝 PC1 所在 IP 网络访问路由器 R3 的 Telnet 服务

access-list 100 deny tcp 172.16.1.0 0.0.0.255 host 172.16.23.3 eq telnet

access-list 100 deny tcp 172.16.1.0 0.0.0.255 host 172.16.3.1 eq telnet

拒绝 PC1 和 PC2 所在 IP 网络 ping 通 SERVER

access-list 100 deny icmp 172.16.1.0 0.0.0.255 host 172.16.3.100

access-list 100 deny icmp 172.16.2.0 0.0.0.255 host 172.16.3.100

其他服务放通

access-list 100 permit ip any any

interface Serial0/0/0

    # 扩展 IP ACL 应用到端口

    ip access-group 100 out

STEP 2: 按要求完成路由器 R3 的配置。

enable secret cisco

line vty 0 4

    password cisco

    login

单向 ping 通配置

access-list 101 deny icmp host 172.16.23.2 host 172.16.23.3 echo

```
access-list 101 permit ip any any
interface Serial0/0/1
    ip access-group 101 in
```

STEP 3: 进行功能性测试。

#PC1 无法远程管理路由器 R3

C:\>telnet 172.16.23.3

Trying 172.16.23.3 ...

% Connection timed out; remote host not responding

C:\>

#PC2 可以远程管理路由器 R3

C:\>telnet 172.16.23.3

Trying 172.16.23.3 ...Open

Password:

R3>enable

Password:

R3#

#R2 无法 ping 通 R3

R2#ping

Target IP address:172.16.23.3

Extended commands [n]:y

Source address or interface:172.16.23.2

UUUUU

Success rate is 0 percent（0/5）

#R3 可以 ping 通 R2

R3#ping

Target IP address:172.16.23.2

Extended commands [n]:y

Source address or interface:172.16.23.3

!!!!!

Success rate is 100 percent（5/5），round-trip min/avg/max = 3/4/5 ms

为了保证读者的学习效果，编者制作了 PKA 文件，以方便读者自主学习。

3. 命名 IP ACL

在实践中，命名 IP ACL 和编号 IP ACL 有许多相同之处，都可以用于过滤数据包或其他用途，但正如标准 IP ACL 与扩展 IP ACL 在各自匹配数据包上有所不同，标准命名

IP ACL 与扩展命名 IP ACL 也有所不同。与编号 IP ACL 相比，命名 IP ACL 主要有 3 种差异。

（1）使用名称代替编号标识，方便记忆 IP ACL。

（2）使用 IP ACL 子命令，而不是全局命令来定义操作动作和匹配参数。

（3）提供更好的 IP ACL 编辑工具。

图 3-2-8 所示为编号 IP ACL 与命名 IP ACL 的比较。

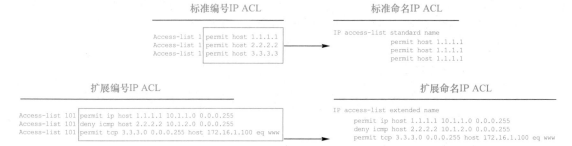

图 3-2-8　编号 IP ACL 与命名 IP ACL 的比较

命名 IP ACL 配置中只有真正新的部分是 ip access-list 全局配置命令，这个命令不仅定义了标准 IP ACL 或扩展 IP ACL，还定义了名称。同时，该命令可将用户转入 IP ACL 配置模式。

典型案例

【案例 3-2-1】　以下选项中，哪个是可以使用的合法标准 IP ACL?（　　）

A．1987　　　　　　　　　　　B．2187

C．287　　　　　　　　　　　　D．87

【解析】标准 IP ACL 的编号范围是 1 ～ 199，1300 ～ 1699。

【答案】D

【案例 3-2-2】　对于从主机 10.1.1.1 到 IP 地址以 172.16.5 开头的网络服务器的数据包，下列哪些 access-list 命令允许该数据包通过?（　　）

A．access-list 101 permit tcp host 10.1.1.1 172.16.5.0 0.0.0.255 eq www

B．access-list 1001 permit tcp host 10.1.1.1 172.16.5.0 0.0.0.255 eq www

C．access-list 2001 permit tcp host 10.1.1.1 172.16.5.0 0.0.0.255 eq www

D．access-list 3001 permit tcp host 10.1.1.1 172.16.5.0 0.0.0.255 eq www

【解析】标准 IP ACL 的编号范围是：1 ～ 99 和 1300 ～ 1999；扩展 IP ACL 的编号范围是：100 ～ 199 和 2000-2699。根据编号要求，2001 和 3001 不在编号范围内。

【答案】AC

【案例 3-2-3】　对基于图 3-2-9 所示拓扑结构及表 3-2-5、表 3-2-6 所示设备信息的
网络，请按照以下要求完成配置。

（1）设备已经正确配置主机名、IP 地址和路由协议。

（2）拒绝 PC2 所在 IP 网络访问 SERVER。

（3）允许主机 PC1 访问路由器 R1、R2、R3 的 Telnet 服务。

（4）配置过程涉及的口令如无特别说明，默认为 cisco。

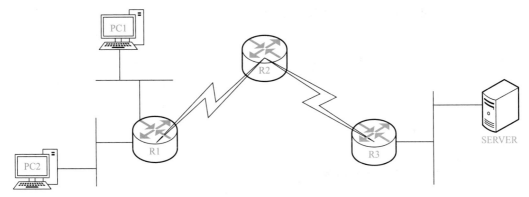

图 3-2-9　基于串行链路的标准 IP ACL 配置

【设备信息】

表 3-2-5　设备端口连接

设备名称	端口	设备名称	端口
R1	S0/0/0	R2	S0/0/0
R1	Fa0/0	S1	Fa0/1
R1	Fa0/1	S2	Fa0/1
R2	S0/0/1	R3	S0/0/1
R3	Fa0/0	S3	Fa0/1
S1	Fa0/2	PC1	Fa0
S2	Fa0/2	PC2	Fa0
S3	Fa0/2	SERVER	Fa0

表 3-2-6　设备端口地址

设备名称	端口	IP 地址	网关地址
R1	S0/0/0	172.16.12.1/24	—
R1	Fa0/0	172.16.1.1/24	—
R1	Fa0/1	172.16.2.1/24	—
R2	S0/0/0	172.16.12.2/24	—
R2	S0/0/1	172.16.23.2/24	—
R3	S0/0/1	172.16.23.3/24	—

设备名称	端口	IP 地址	网关地址
SERVER	NIC	172.16.3.100	172.16.3.1
PC1	NIC	172.16.1.100	172.16.1.1
PC2	NIC	172.16.2.100	172.16.2.1

【解析】

STEP 1: 根据要求配置路由器 R1。

```
enable password cisco
access-list 1 permit host 172.16.1.100
line vty 0 4
   access-class 1 in
   password cisco
   login
```

STEP 2: 根据要求配置路由器 R2。

```
enable password cisco
access-list 1 permit host 172.16.1.100
line vty 0 4
   access-class 1 in
   password cisco
   login
```

STEP 3: 根据要求配置路由器 R3。

```
enable password cisco
access-list 1 permit host 172.16.1.100
line vty 0 4
   access-class 1 in
   password cisco
   login
access-list 2 deny 172.16.2.0 0.0.0.255
access-list 2 permit any
interface Serial0/0/1
   ip access-group 2 in
```

STEP 4: 进行功能测试。

（1）PC1 远程连接 R2。

```
C:\>telnet 172.16.12.2
Password:
```

```
R2>enable
Password:
R2#
```

（2）PC2 与 SERVER 的连通性。

```
C:\>ping 172.16.3.100
Reply from 172.16.23.3:Destination host unreachable.
Reply from 172.16.23.3:Destination host unreachable.
Reply from 172.16.23.3:Destination host unreachable.
Reply from 172.16.23.3:Destination host unreachable.
```

为了保证读者的学习效果，编者制作了 PKA 文件，以方便读者自主学习。

知识测评

一、选择题

1. 若匹配子网 10.1.128.0 中子网掩码为 255.255.255.0 的所有 IP 数据包，下面哪一项通配符掩码是最有效的？（　　）

A. 0.0.0.0 　　　　　　　　　　B. 0.0.0.31

C. 0.0.0.240 　　　　　　　　　D. 0.0.0.255

2. Barney 是子网 10.1.1.0/24 中的一台主机，IP 地址为 10.1.1.1，下面哪些选项是可以配置标准 IP ACL？（　　）

A. 匹配准确的源 IP 地址

B. 利用一条 access-list 命令可匹配 10.1.1.1 ～ 10.1.1.4 的 IP 地址，但不匹配其他 IP 地址

C. 利用一条 access-list 命令匹配 Barney 所在子网中的所有 IP 地址，但不匹配其他 IP 地址

D. 仅匹配数据包的目的 IP 地址

3. 下列哪一条 access-list 命令与子网 172.16.5.0/25 地址范围内的所有数据包匹配？（　　）

A. access-list permit 172.16.0.5 0.0.255.0

B. access-list permit 172.16.4.0 0.0.1.255

C. access-list permit 172.16.5.0

D. access-list permit 172.16.5.0 0.0.0.127

4. 基于扩展 IP ACL 下面哪些字段不能进行比较？（　　）

A. 源 IP 地址 　　　　　　　　　B. 目的 IP 地址

C. TOS 字节 　　　　　　　　　D. URL

5. 某台路由器上配置了如下一条 IP ACL 表项：

```
acess-list 4 permit 202.38.160.1 0.0.0.255
acess-list 4 deny 202.38.0.0 0.0.255.255
acess-list 4 permit any
```

下列哪项描述中表述准确的是（　　）。

A. 只禁止源 IP 地址为 202.38.0.0 网段的所有访问

B. 只允许目的 IP 地址为 202.38.0.0 网段的所有访问

C. 检查源 IP 地址，禁止 202.38.0.0 大网段的主机访问，但允许其中 202.38.160.0 小网段上的主机访问

D. 检查目的 IP 地址，禁止 202.38.0.0 大网段的主机访问，但允许其中 202.38.160.0 小网段的主机访问

二、填空题

1. IP ACL 有两种类型，分别是＿＿＿＿＿＿和＿＿＿＿＿＿。

2. 在 IP ACL 配置中，操作符"gt portnumber"表示控制的是＿＿＿＿＿＿。

3. 标准 IP ACL 的编号范围是＿＿＿＿＿＿和＿＿＿＿＿＿。

4. 使用＿＿＿＿＿＿命令来查看路由器上的 IP ACL。

5. 把配置的 IP ACL 应用到接口上的命令是＿＿＿＿＿＿。

三、判断题

1. 放置扩展 IP ACL 的一般原则是尽可能放置在靠近源的位置。　　　　（　　）

2. access-list 100 deny icmp 10.1.10.10 0.0.255.255 any host-unreachable 表示禁止从 10.1.0.0/16 网段来的所有主机不可达报文。　　　　（　　）

3. 如果在一个端口上使用了 access group 命令，但没有创建相应的 access list，则在此端口将不允许数据包进站（in）和出站（out）。　　　　（　　）

4. 100 ～ 199 是扩展 IP ACL 的编号范围。　　　　（　　）

5. 路由器 IP ACL 默认的过滤模式是允许所有。　　　　（　　）

四、简答题

1. 简述 IP ACL 的作用。

2. 简述 IP ACL 的 3P 原则。

五、操作题

对基于图 3-2-10 所示拓扑结构及表 3-2-7、表 3-2-8 所示设备信息的网络，现已实现全网互连互通。请按照以下要求完成扩展 IP ACL 的配置。

（1）禁止 Sam 访问 Bugs 或 Daffy。

（2）禁止 R3 以太网上的主机访问 R2 以太网上的主机。

（3）允许其余任意组合方式。

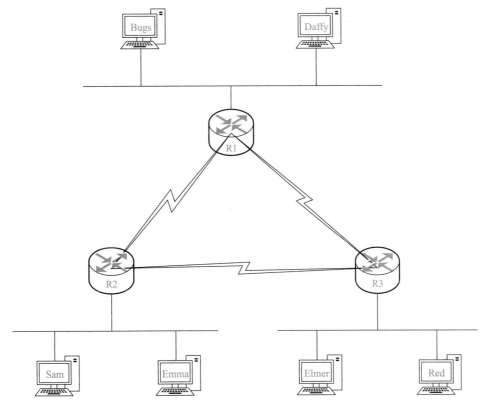

图 3-2-10　扩展 IP ACL 配置练习示意

【设备信息】

表 3-2-7　设备端口连接

设备名称	端口	设备名称	端口
R1	S0/0/0	R2	S0/0/0
R1	S0/0/1	R3	S0/0/0
R1	Fa0/0	S1	Fa0/1
R2	S0/0/1	R3	S0/0/1
R2	Fa0/0	S2	Fa0/1
R3	Fa0/0	S3	Fa0/1
S1	Fa0/2	Bugs	Fa0
S1	Fa0/3	Daffy	Fa0
S2	Fa0/2	Sam	Fa0
S2	Fa0/3	Emma	Fa0
S3	Fa0/2	Elmer	Fa0
S3	Fa0/3	Red	Fa0

表 3-2-8　设备端口地址

设备名称	端口	IP 地址	网关地址
R1	S0/0/0	10.1.128.1/24	—
R1	S0/0/1	10.1.130/24	—
R1	Fa0/0	10.1.1.254/24	—
R2	S0/0/0	10.1.128.2/24	—
R2	S0/0/1	10.1.129.2/24	—
R2	Fa0/0	10.1.2.254/24	—
R3	S0/0/0	10.1.130.3/24	—
R3	S0/0/1	10.1.129.3/24	—
R3	Fa0/0	10.1.3.254/24	—
Bugs	NIC	10.1.1.1	10.1.1.254
Daffy	NIC	10.1.1.2	10.1.1.254
Sam	NIC	10.1.2.1	10.1.2.254
Emma	NIC	10.1.2.2	10.1.2.254
Elmer	NIC	10.1.3.1	10.1.3.254
Red	NIC	10.1.3.2	10.1.3.254

3.3 扩展 IP 地址空间

学习目标

- 理解 IPv4 的内容和作用。
- 掌握 IPv4 地址转换技术原理。
- 掌握静态 NAT 的方法与技巧。
- 掌握动态 NAT 的方法与技巧。
- 掌握 NAPT 配置的方法与技巧。
- 掌握虚拟 IP 地址的 NAT 配置技巧。
- 认识 IPv6 技术应用。

内容梳理

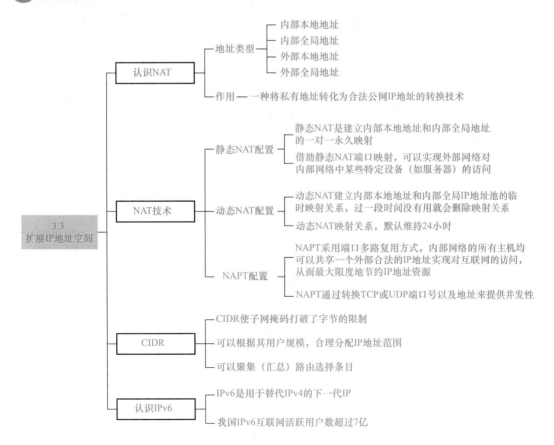

📑 **知识概要**

网际协议版本 4（Internet Protocol version 4，IPv4），又称为互联网通信协议第 4 版，是 IP 开发过程中的第 4 个修订版本，是第一个被广泛部署的版本。IPv4 是互联网的核心，在 IETF（Internet Engineering Task Force，Internet 工程任务组）于 1981 年 9 月发布的 RFC791 中被描述。IPv4 是一种无连接的协议，此协议会尽最大努力交付数据包，但不保证任何数据包均能被送达目的地，也不保证所有数据包均按照正确的顺序无重复地到达目的地。2019 年 11 月 26 日，全球所有 43 亿个 IPv4 地址已分配完毕，这意味着没有更多的 IPv4 地址可以分配给 ISP 和其他大型网络基础设施提供商。IPv4 的后继版本为 IPv6（互联网通信协议第 6 版），IPv6 仍处在部署的初期。根据通信世界网（CWW）的消息，截至 2022 年 8 月，我国 IPv6 活跃用户数达到 7.137 亿，占网民总数的 67.9%，同比增长 29.5%，超过了全球的平均增长水平。

1. 认识 NAT

NAT 属于接入广域网技术，是一种将私有 IP 地址转化为合法公网 IP 地址的转换技术，借助 NAT，一个局域网只需使用少量 IP 地址（甚至是 1 个）即可实现私有 IP 地址网络内所有计算机与 Internet 的通信需求。NAT 还具有隐蔽的安全特性，它可以隐藏内部网络的 IP 地址，同时屏蔽未经授权的来自公网的数据包，充当防火墙的角色。

NAT 将自动修改 IP 报文的源 IP 地址，IP 地址校验则在 NAT 处理过程中自动完成。有些应用程序将源 IP 地址嵌入 IP 报文的数据部分，因此还需要同时对 IP 报文的数据部分进行修改，以匹配 IP 头中已经修改过的源 IP 地址。否则，在 IP 报文数据部分嵌入 IP 地址的应用程序就不能正常工作。

NAT 的地址有 4 种类型。

（1）内部本地地址（inside local）：私有 IP 地址。

（2）内部全局地址（inside global）：NAT 的全球唯一标示的公有 IP 地址。

（3）外部本地地址（outside local）：外部网络的某台主机拥有的分配给该主机的 IP 地址。

（4）外部全局地址（outside global）：外部网络中的主机所对应的 IP 地址。

在 NAT 过程中，4 种地址对应的转换关系如图 3-3-1 所示。

NAT 的实现方式有 3 种，即静态转换（Static NAT）、动态转换（Dynamic NAT）和端口多路复用（过载）。

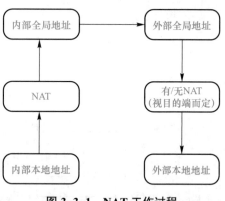

图 3-3-1 NAT 工作过程

　　NAT 主要应用在企业网络的边缘设备上，对数据包的私有 IP 地址和公有 IP 地址进行转换，实现内网到外网的访问。NAT 的工作原理就是路由器对数据包进行 IP 地址转换，路由器在接收到内部数据包时将内部源 IP 地址转化为公有 IP 地址后再进行路由转发。NAT 的工作原理示意如图 3-3-2 所示。

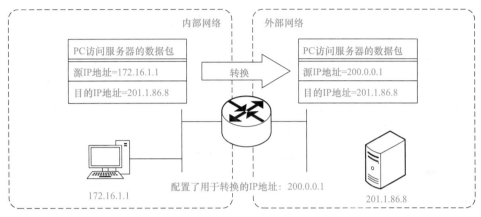

图 3-3-2　NAT 的工作原理示意

　　NAT 过程会创建一个 NAT 表，NAT 表包含协议、内部私有 IP 地址和内部公有 IP 地址。不同 NAT 实现方式创建 NAT 表的时间节点不同，静态转换在完成 NAT 配置时创建 NAT 表，动态转换则是在内部网络向外部网络发送第一个数据表时创建。NAT 表样式如表 3-3-1 所示。

表 3-3-1　NAT 表样式

协议	内部私有 IP 地址	内部公有 IP 地址
TCP	172.16.1.1	200.0.0.1

2. CIDR

　　CIDR（Classless Inter-Domain Routing，无分类域间路由）是一个全局地址分配约定，打破了原先设计的 A、B、C 类 IP 地址的概念，将 32 位 IP 地址保持两分的结构，依然保持前面是网络号，后面是主机号。CIDR 使子网掩码打破了字节的限制，这种子网掩码被称为可变长子网掩码（Variable Length Subnet Masking，VLSM），表示 VLSM 的标记方法如 131.107.23.32/25、192.168.0.178/26，反斜杠后面的数字表示子网掩码写成二进制形式后 1 的个数。由 RFC4632 定义的 CIDR 主要有以下两个目标。

　　第一，ISP 可以根据其用户规模，合理分配 IP 地址范围，而不是分配整个 A 类、B 类或 C 类网络，减少浪费。例如，某公司申请了一个公网 IP 地址 199.1.1.0/24，该公司有 4 个部门，每个部门 PC 的数目为 40 ～ 50，网络管理员可以划分 4 个子网，分别是 199.1.1.0/26、199.1.1.64/26、199.1.1.128/26 和 199.1.1.192/26，实现 IP 地址的有效利用，并实现各部门数据之间的隔离，提高安全性。

第二，规则要求 IP 地址分配选择应有助于将多种网络号聚集（汇总）为单个路由条目，减小 Internet 路由器中路由表的规模。例如，ISP 有 4 个网络，分别是 191.1.0.0/24、191.1.1.0/24、191.1.2.0/24 和 191.1.3.0/24，为了减小路由表的规模，可以将 4 个网络聚集成 1 个网络 191.1.0.0/22。

3. 认识 IPv6

IPv6 是 IETF 设计的用于替代 IPv4 的下一代 IP，其号称可以为全世界的每一粒沙子分配一个 IP 地址。2017 年 11 月 26 日，中共中央办公厅、国务院办公厅印发《推进互联网协议第六版（IPv6）规模部署行动计划》。截至 2022 年 8 月 8 日，我国 IPv6 互联网活跃用户数达 6.93 亿，移动网络 IPv6 流量占比突破 40%。

IPv6 与 IPv4 相比有很多优点，主要体现在以下 5 个方面。

（1）巨大的地址空间。IPv6 采用 128 位 IP 地址，数量约为 10^{38} 个，远大于 IPv4 的 IP 地址数量。

（2）全新的报头结构。在结构上，IPv6 对报头做了简化，取消了原 IPv4 的部分报头字段，如选项字段，采用 40 字节的固定报头。这不仅减小了报头长度，而且由于报头长度固定，在路由器上处理起来也更加便捷。另外，IPv6 还采用了扩展报头机制，更便于协议自身的功能扩展。

（3）地址自动配置。IPv6 采用无状态地址配置技术，由路由器进行 IP 地址的自动配置，用户无须手动配置 IP 地址。

（4）更高的安全性。IPsec 安全协议已经成为 IPv6 的一个必要组成部分，这样在 IPv6 中指定了对身份认证和加密的支持，提高了网络层数据的安全性。

（5）更好地实现服务质量（QoS）支持。IPv6 报头中增加了流标签字段，使用流标签功能可以更好地实现服务质量支持。数据发送者可以使用流标签对属于同一传输流的数据进行标记，在传输过程中可以根据流标签提供相应的服务质量。

为了更好地认识 IPv6，接下来通过实例进行讲解。

【例 3-3-1】 对基于图 3-3-3 所示拓扑结构及表 3-3-2、表 3-3-3 所示设备信息的网络，请按照以下要求完成配置。

图 3-3-3 IPv6 静态路由

（1）设备已经正确配置主机名。

（2）路由器 R1、R2、R3 按设备信息内容正确配置 IPv6 地址。

（3）路由器 R1 配置 IPv6 静态路由。

（4）路由器 R2 配置 IPv6 静态路由。

（5）路由器 R3 配置 IPv6 默认路由。

（6）测试连通性。

【设备信息】

表 3-3-2　设备端口连接

设备名称	端口	设备名称	端口
R1	S0/0/0	R2	S0/0/0
R2	S0/0/1	R3	S0/0/1

表 3-3-3　设备端口地址

设备名称	端口	IP 地址
R1	S0/0/0	2009：1212：：1/64
R1	Loopback 0	2010：1111：：1/64
R1	Loopback 1	2011：1111：：1/64
R2	S0/0/0	2009：1212：：2/64
R2	S0/0/1	2009：2323：：2/64
R3	S0/0/1	2009：2323：：3/64
R3	Loopback 0	2012：3333：：3/64

【配置信息】

按照题目要求，路由器 R1、R2、R3 配置信息如下。

STEP 1: 按照要求配置路由器 R1。

```
interface Loopback0
    ipv6 address 2010:1111::1/64
interface Loopback1
    ipv6 address 2011:1111::1/64
interface Serial0/0/0
    ipv6 address 2009:1212::1/64
ipv6 unicast-routing
ipv6 route 2009:2323::/64 Serial0/0/0
ipv6 route 2012:3333::/64 Serial0/0/0
```

STEP 2: 按照要求配置路由器 R2。

```
interface Serial0/0/0
    ipv6 address 2009:1212::2/64
interface Serial0/0/1
    ipv6 address 2009:2323::2/64
ipv6 unicast-routing
```

```
    ipv6 route 2010:1111::/64 Serial0/0/0
    ipv6 route 2011:1111::/64 Serial0/0/0
    ipv6 route 2012:3333::/64 Serial0/0/1
```

STEP 3: 按照要求配置路由器 R3。

```
    interface Loopback0
        ipv6 address 2012:3333::3/64
    interface Serial0/0/1
        ipv6 address 2009:2323::3/64
    ipv6 unicast-routing
    ipv6 route ::/0 Serial0/0/1
```

STEP 4: 测试路由器 R1 与 R3 的连通性。

```
    R1#ping ipv6 2012:3333::3
    Type escape sequence to abort.
    Sending 5,100-byte ICMP Echos to 2012:3333::3,timeout is 2 seconds:
    !!!!!
    Success rate is 100 percent(5/5),round-trip min/avg/max = 8/10/15 ms
```

为了保证读者的学习效果，编者制作了 PKA 文件，以方便读者自主学习。

⊘ 应知应会

NAT 不仅能解决 IP 地址不足的问题，还能够有效地避免来自网络外部的攻击，隐藏并保护网络内部的计算机。NAT 的实现方式有静态转换、动态转换和端口多路复用（过载）3 种。

1. 静态转换

静态转换是建立内部本地地址和内部全局地址的一对一永久映射。静态转换是指将内部网络的私有 IP 地址转换为公有 IP 地址，IP 地址对是一对一的，是一成不变的，某个私有 IP 地址只转换为某个公有 IP 地址。借助静态转换端口映射，可以实现外部网络对内部网络中某些特定设备（如服务器）的访问。静态转换配置步骤如下。

STEP 1: 配置 NAT 规则。

方法 1：地址一一映射。

```
    ip nat inside source static local-address global-address
```

方法 2：服务器端口映射。

```
    ip nat inside source static {tcp|udp} local-address port global-
    address port
```

STEP 2: 定义内部端口。

```
interface interface-type interface-number
    ip nat inside
```
STEP 3: 指定外部端口。
```
interface interface-type interface-number
    ip nat outside
```
以上为较简单的配置，可以配置多个 inside 和 outside 接口。为了更好地认识静态转换，接下来通过实例进行讲解。

【例 3-3-2】 对基于图 3-3-4 所示拓扑结构及表 3-3-4、表 3-3-5 所示设备信息的网络，请按照以下要求完成配置。

（1）设备已经正确配置主机名、IP 地址和路由协议。

（2）路由器 R1、R3 是边界路由器。

（3）路由器 R1 配置静态转换，PC1 的 IP 地址转换为 201.1.1.2，PC2 的 IP 地址转换为 201.1.1.3。

（4）路由器 R3 配置静态转换，服务器的 Web 和 DNS 映射到公网 202.1.1.3。

（5）PC1 和 PC2 可以打开 www.cisco.com。

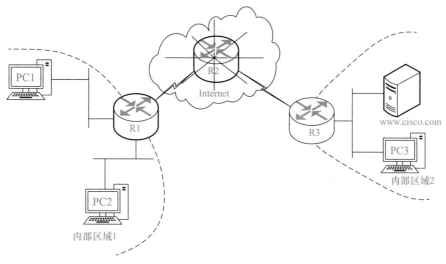

图 3-3-4 静态转换

【设备信息】

表 3-3-4 设备端口连接

设备名称	端口	设备名称	端口
R1	S0/0/0	R2	S0/0/0
R1	Fa0/0	S1	Fa0/1
R1	Fa0/1	S2	Fa0/1
R2	S0/0/1	R3	S0/0/1

设备名称	端口	设备名称	端口
R3	Fa0/0	S3	Fa0/1
S1	Fa0/2	PC1	Fa0
S2	Fa0/2	PC2	Fa0
S3	Fa0/2	WEB SERVER	Fa0
S3	Fa0/3	PC3	Fa0

表 3-3-5　设备端口地址

设备名称	端口	IP 地址	网关地址	DNS 服务器地址
R1	S0/0/0	201.1.1.1/28	—	—
R1	Fa0/0	172.16.10.254	—	—
R1	Fa0/1	172.16.20.254	—	—
R2	S0/0/0	201.1.1.14/28	—	—
R2	S0/0/1	202.1.1.1/29	—	—
R3	S0/0/1	202.1.1.6/29	—	—
R3	Fa0/0	10.1.1.254/24	—	—
PC1	NIC	172.16.10.10/24	172.16.10.254	202.1.1.3
PC2	NIC	172.16.20.10/24	172.16.20.254	202.1.1.3
PC3	NIC	10.1.1.10/24	10.1.1.254	—
Web Server	NIC	10.1.1.100/24	10.1.1.254	—

【配置信息】

按照题目要求，路由器 R1 和 R3 的配置信息如下。

STEP 1: 按照要求配置路由器 R1。

```
ip nat inside source static 172.16.10.10 201.1.1.2
ip nat inside source static 172.16.20.10 201.1.1.3
interface FastEthernet0/0
    ip nat inside
interface FastEthernet0/1
    ip nat inside
interface Serial0/0/0
    ip nat outside
```

STEP 2: 按照要求配置路由器 R2。

```
ip nat inside source static tcp 10.1.1.100 80 202.1.1.3 80
ip nat inside source static udp 10.1.1.100 53 202.1.1.3 53
interface FastEthernet0/0
```

```
        ip nat inside
interface Serial0/0/1
        ip nat outside
```

STEP 3：根据配置要求进行相关功能测试，在 PC1 或 PC2 上打开网页 www.cisco.com。结果如图 3-3-5 所示。

图 3-3-5 静态转换测试

为了保证读者的学习效果，编者制作了 PKA 文件，以方便读者自主学习。

2. 动态转换

动态转换是建立内部本地地址和内部全局 IP 地址池的临时映射关系，过一段时间没有用就会删除映射关系。要配置动态转换，可在全局配置模式中执行以下命令。

STEP 1：定义全局 IP 地址池。

```
ip nat pool address-pool start-address end-address netmask mask
```

STEP 2：定义 IP ACL，只有匹配该 IP ACL 的 IP 地址才转换。

```
access-list access-list-number permit ip-address wildcard
```

STEP 3：定义内部源地址动态转换关系。

```
ip nat inside source list access-list-number pool address-pool
```

STEP 4：定义端口连接内部网络。

```
interface interface-type interface-number
    ip nat inside
```

STEP 5：定义端口连接外部网络。

```
interface interface-type interface-number
    ip nat outside
```

也可以配置多个 inside 和 outside 接口。为了更好地认识动态转换，接下来通过实例进行讲解。

【例 3-3-3】 对基于图 3-3-4 所示拓扑结构及表 3-3-4、表 3-3-5 所示设备信息的网络，请按照以下要求完成配置。

（1）设备已经正确配置主机名、IP 地址和路由协议。

（2）路由器 R1、R3 是边界路由器。

（3）在路由器 R1 上配置动态转换，允许内部区域 1 的 PC1 和 PC2 所在网络可以访问 Internet，可以正常打开网页 www.cisco.com。

（4）在路由器上 R3 补充 NAT 配置，使内部区域 2 的 PC3 映射到公网 202.1.1.2，完善 PC3 的 IP 地址设置，使之可以打开网页 www.cisco.com。

【配置信息】

STEP 1: 按照要求配置路由器 R1。

```
access-list 1 permit any
ip nat pool pool1 201.1.1.2 201.1.1.13 netmask 255.255.255.240
ip nat inside source list 1 pool pool1
interface FastEthernet0/0
    ip nat inside
interface FastEthernet0/1
    ip nat inside
interface Serial0/0/0
    ip nat outside
```

STEP 2: 按照要求配置路由器 R3。

```
ip nat inside source static 10.1.1.10 202.1.1.2
```

STEP 3: 按照要求补充 PC3 的 DNS 服务器地址（202.1.1.3）。

【测试】根据配置要求进行相关功能测试，在 PC3 上打开网页 www.cisco.com。结果如图 3-3-6 所示。

图 3-3-6 动态转换测试

为了保证读者的学习效果，编者制作了 PKA 文件，以方便读者自主学习。

3. NAPT 配置

NAPT（Network Address Port Translation，网络地址端口转换）是人们比较熟悉的一种地址转换方式。NAPT 采用端口多路复用方式，内部网络的所有主机均可以共享一个外部合法的 IP 地址实现对互联网的访问，从而最大限度地节约 IP 地址资源。NAPT 也被称为"一对多"的 NAT，或者叫作 PAT（Port Address Translation，端口地址转换）、地址超载（Address Overloading）。使用 NAPT 技术，一个 IP 地址最多可以提供 64 512 个 NAT。

NAPT 与动态转换不同，它将内部连接映射到外部网络中的一个单独的 IP 地址（也可以是外部网络的端口），同时在该 IP 地址上加上一个由 NAT 设备选定的 TCP 端口号。NAPT 算得上是一种较流行的 NAT 变体，通过转换 TCP 或 UDP 端口号以及 IP 地址来提供并发性。NAPT 的主要优势在于，它能够使用一个全球有效的 IP 地址获得通用性。其主要缺点在于通信仅限于 TCP 或 UDP。

在全局配置模式下 NAPT 配置步骤如下。

STEP 1: 定义全局 IP 地址（若选择外连端口，这步可以省略）。

```
ip nat pool address-pool start-address end-address netmask mask
```

STEP 2: 定义 IP ACL，只有匹配该 IP ACL 的 IP 地址才转换。

```
access-list access-list-number permit ip-address wildcard
```

STEP 3: 定义内部源 IP 地址 NAPT 关系。

```
ip nat inside source list access-list-number {[pool address-
pool]|[interface interface-type interface-number]} overload
```

STEP 4: 定义端口连接内部网络。

```
interface interface-type interface-number
    ip nat inside
```

STEP 5: 定义端口连接外部网络。

```
interface interface-type interface-number
    ip nat outside
```

以上配置步骤与动态转换大体相同。为了更好地认识 NAPT，接下来通过实例进行讲解。

【例 3-3-4】　对基于图 3-3-4 所示拓扑结构和表 3-3-4、表 3-3-5 所示设备信息的网络，请按照以下要求完成配置。

（1）设备已经正确配置主机名、IP 地址和路由协议。

（2）允许内部区域 1 的 PC1 和 PC2 所在网络可以访问 Internet。

（3）允许内部区域 2 的 PC3 所在网络除 Web 服务器外均可以访问 Internet。

（4）路由器 R1 配置 NAPT，外网地址为 201.1.1.2。

（5）路由器 R3 配置 NAPT，外网使用端口 S0/0/1。

【配置信息】

STEP 1：按照要求配置路由器 R1。

```
ip nat pool pool1 201.1.1.2 201.1.1.2 netmask 255.255.255.240
ip access-list standard stACL
    permit any
ip nat inside source list stACL pool pool1 overload
interface FastEthernet0/0
    ip nat inside
interface FastEthernet0/1
    ip nat inside
interface Serial0/0/0
    ip nat outside
```

STEP 2：按照要求配置路由器 R3。

```
ip access-list standard stACL
    deny host 10.1.1.100
    permit any
ip nat inside source list stACL interface Serial0/0/1 overload
interface FastEthernet0/0
    ip nat inside
interface Serial0/0/1
    ip nat outside
```

STEP 3：测试 PC1 或 PC2 是否可以 ping 通 202.1.1.1。

```
C:\>ping 202.1.1.1
Reply from 202.1.1.1: bytes=32 time=2ms TTL=253
Reply from 202.1.1.1: bytes=32 time=12ms TTL=253
Reply from 202.1.1.1: bytes=32 time=9ms TTL=253
Reply from 202.1.1.1: bytes=32 time=2ms TTL=253
```

STEP 4：测试 PC3 是否可以 ping 通 202.1.1.6。

```
C:\>ping 202.1.1.6
Reply from 202.1.1.6: bytes=32 time=5ms TTL=254
Reply from 202.1.1.6: bytes=32 time=1ms TTL=254
Reply from 202.1.1.6: bytes=32 time=3ms TTL=254
Reply from 202.1.1.6: bytes=32 time=1ms TTL=254
```

为了保证读者的学习效果，编者制作了 PKA 文件，以方便读者自主学习。

【**案例 3-3-1**】 下列哪一项不是 NAT 的实现方式？（　　）

A．静态转换　　　　　　　　　　B．动态转换

C．端口多路复用　　　　　　　　D．IP ACL

【**解析**】NAT 的实现方式有 3 种，即静态转换、动态转换和端口多路复用过载。

【**答案**】**D**

【**案例 3-3-2**】 下面关于 IP 地址的说法中正确的是（　　）。

A．IP 地址由两部分组成：网络号和主机号

B．A 类 IP 地址的网络号有 8 位，实际的可变位数为 7 位

C．D 类 IP 地址通常作为组播地址

D．NAT 技术通常用于解决 A 类 IP 地址到 C 类 IP 地址的转换

【**解析**】IP 地址由两部分组成，子网掩码长度匹配的不变的部分为网络号，子网掩码没有匹配的可变的部分是主机号。地址分类按照二进制方式来看，第 1 位为 0，第 2～8 位可变的为 A 类 IP 地址（1.0.0.0～127.255.255.255）；第 1 位为 1，第 2 位为 0，第 3～8 位可变的为 B 类 IP 地址（128.0.0.0～191.255.255.255）；第 1～2 位为 1，第 3 位为 0，第 4～8 位可变的为 C 类 IP 地址（192.0.0.0～223.255.255.255）；第 1～3 位为 1，第 4 位为 0，第 5～8 位可变的为 D 类 IP 地址（224.0.0.0～239.255.255.255），通常作为组播地址；第 1～4 位为 1，第 5～8 位可变的为 E 类 IP 地址（240.0.0.0～255.255.255.255）；NAT 技术通常用于私有互联网到公共互联网的转换，不针对 IP 地址类型。

【**答案**】**ABC**

【**案例 3-3-3**】 NAT 能够转换哪种网络地址？（　　）

A．IP　　　　　　　　　　　　　B．IPX

C．AppleTalk　　　　　　　　　D．DECNET

【**解析**】NAT 是针对 IP 地址开发的技术，一般只能对 IP 报文的头部地址和 TCP/UDP 头部的端口信息进行转换。IPX、AppleTalk、DECNET 的网络标识结构不同于 IP 地址结构。

【**答案**】**A**

知识测评

一、选择题

1．CIDR 的全称是（　　）。

A．Classful IP Default Routing　　　　B．Classful IP D-class Routing

C.　Classful Interdoming Routing　　　D.　Classful IP Default Routing

2．动态转换仅为内部地址提供转换，下列哪种情况会引发 NAT 表条目的创建？（　）

A.　从内部网络到外部网络的第一个数据包

B.　从外部网络到内部网络的第一个数据包

C.　用 ip nat inside source 命令进行配置

D.　用 ip nat outside source 命令进行配置

3．NAT 配置为转换从网络内部接收的数据包的源地址，但仅限于由 IP ACL 列表标识的某些主机，下列哪个命令可以识别这类主机？（　）

A.　ip nat inside source list 1 pool barney

B.　ip nat pool barney 201.1.1.1 201.1.1.254 netmask 255.255.255.0

C.　ip nat inside

D.　ip nat inside 200.1.1.1 200.1.1.2

4．阅读以下配置命令：

```
interface Ethernet0/0
    ip address 10.1.1.1 255.255.255.0
    ip nat inside
interface serial0/0/0
    ip add 200.1.1.249 255.255.255.252
ip nat inside source list 1 interface serial0/0/0
access-list 1 permit 10.1.1.0 0.0.0.255
```

如果以上配置命令要启动源 NAT 过载，那么以下哪些命令可用于完成配置？（　）

A.　ip nat outside 命令　　　　　B.　ip nat pool 命令

C.　overload 关键字　　　　　D.　ip nat pat 命令

5．下列哪个选项是 2001：0000：0000：0100：0000：0000：0000：0123 最短的有效缩写？（　）

A.　2001：：100：：123

B.　2001：：1：：123

C.　2001：：100：0：0：0：123

D.　2001：0：0：100：：123

二、填空题

1．NAPT 主要对数据包的_____和_____信息进行转换。

2．在思科路由器上使用_____命令可以清除 NAT 表条目。

3．在思科设备上，NAT 表中动态转换条目失效时间默认是_____小时。

4．在 NAT 配置中，指定外部接口的命令是_____。

5．NAT 的功能就是将_____网络地址转换成_____网络地址，从而连接到公共网络。

三、判断题

1．在配置完 NAPT 后，发现有些内网地址始终可以 ping 通外网，有些内网地址则始终不能，可能的原因是 IP ACL 设置不正确。　　　　　　　　　　　　（　　）

2．NAT 设备的公网地址是通过 ADSL 由运营商动态分配的，可以使用静态转换实现。　　　　　　　　　　　　　　　　　　　　　　　　　　　　（　　）

3．NAT 的作用是将 IP 地址转换为域名。　　　　　　　　　　　　（　　）

4．二层交换机支持 NAT 功能。　　　　　　　　　　　　　　　　（　　）

5．"inside global" 地址在 NAT 配置中表示一个内部的主机外部地址。

四、简述题

1．简述 NAT 的优点。

2．简述 NAT 与 NAPT 的区别。

五、操作题

对基于图 3-3-7 所示拓扑结构和表 3-3-6、表 3-3-7 所示设备信息的网络，请按照以下要求完成配置。

（1）设备已经正确配置主机名、IP 地址。

（2）路由器 R1 配置 NAPT，虚拟外网地址为 209.1.1.1/24。

（3）应用相关技术，使内部区域的 PC1 和 PC2 所在网络可以访问 Internet。

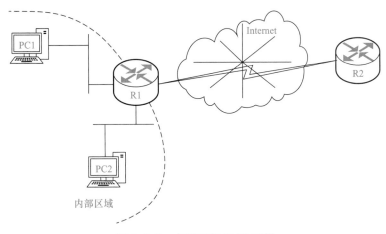

图 3-3-7　虚拟网络 NAT 配置

【设备信息】

表 3-3-6　设备端口连接

设备名称	端口	设备名称	端口
R1	S0/0/0	R2	S0/0/0

设备名称	端口	设备名称	端口
R1	Fa0/0	S1	Fa0/1
R1	Fa0/1	S2	Fa0/1
S1	Fa0/2	PC1	Fa0
S2	Fa0/2	PC2	Fa0

表 3-3-7　设备端口地址

设备名称	端口	IP 地址	网关地址
R1	S0/0/0	200.1.1.1/28	—
R1	Fa0/0	192.168.10.254	—
R1	Fa0/1	192.168.20.254	—
R2	S0/0/0	200.1.1.14/28	—
PC1	NIC	192.168.10.10/24	192.168.10.254
PC2	NIC	192.168.20.10/24	192.168.20.254

3.5　单元测试

【知识测评】

一、选择题

1. 考虑如下摘抄自一条 show 命令的输出内容：

```
Serial0/0/0 is up, line protocol is up (connected)
Hardware is HD64570
Internet address is 192.168.2.1/24
MTU 1500 bytes, BW 1544 Kbit, DLY 20000 usec,
reliability 255/255, txload 1/255, rxload 1/255
Encapsulation PPP, loopback not set, keepalive set (10 sec)
LCP Open
Open: IPCP, CDPCP
```

对应路由器的 S0/0/0 端口，下列哪些选项是正确的？（　　）

A. 该端口正在采用 HDLC

B. 该端口正在采用 PPP

C. 该端口目前无法传递 IPv4 通信数据

D. 此时该链路应能传送 PPP 数据帧

2. 使用 show interface 命令在端口上配置使用 PPP，考虑如下摘抄自该命令的输出内容：

```
Serial0/0/0 is up, line protocol is down (disabled)
Hardware is HD64570
Internet address is 192.168.2.1/24
```

ping 链路另一端的 IP 地址失败。假定下列选项仅与链路有关，那么下列哪些选项是 ping 失败的原因？（　　）

A. 与 CSD/DSU 相连的另一台路由器没接电源

B. 链路另一端路由器的 IP 地址不在子网 192.168.2.0/24 中

C. CHAP 验证失败

D. 链路另一端的路由器已配置为使用 HDLC

3. 配置如下两个 IP ACL：

```
access-list 1 permit 10.110.10.1 0.0.255.255
access-list 2 permit 10.110.100.100 0.0.255.255
```

IP ACL 1 和 2 所控制的 IP 地址范围关系是（　　）。

A．IP ACL 1 和 2 所控制的 IP 地址范围相同

B．IP ACL 1 所控制的 IP 地址范围在 IP ACL 2 所控制的 IP 地址范围内

C．IP ACL 2 所控制的 IP 地址范围在 IP ACL 1 所控制的 IP 地址范围内

D．IP ACL 1 和 2 所控制的 IP 地址范围没有包含关系

4．下列 IP ACL 的含义是（　　）。

```
access-list 102 deny udp 129.9.8.10 0.0.0.255 202.38.160.10 0.0.0.255
gt 128
```

A．规则序列号是 102，禁止从 202.38.160.0/24 网段的主机到 129.9.8.0/24 网段的主机使用端口大于 128 的 UDP 进行连接

B．规则序列号是 102，禁止从 202.38.160.0/24 网段的主机到 129.9.8.0/24 网段的主机使用端口小于 128 的 UDP 进行连接

C．规则序列号是 102，禁止从 129.9.8.0/24 网段的主机到 202.38.160.0/24 网段的主机使用端口小于 128 的 UDP 进行连接

D．规则序列号是 102，禁止从 129.9.8.0/24 网段的主机到 202.38.160.0/24 网段的主机使用端口大于 128 的 UDP 进行连接

5．在 IP ACL 中 IP 地址和子网掩码为 168.18.64.0、0.0.3.255 表示的 IP 地址范围是（　　）。

A．168.18.67.0 ～ 168.18.70.255

B．168.18.64.0 ～ 168.18.67.255

C．168.18.63.0 ～ 168.18.64.255

D．168.18.64.255 ～ 168.18.67.255

6．下列哪一个汇总子网所表示的路由能实现创建 CIDR 来减小 Internet 路由表规模的目的？（　　）

A．10.0.0.0 255.255.255.0

B．10.1.0.0 255.255.0.0

C．200.1.1.0 255.255.255.0

D．200.1.0.0 255.255.0.0

7．根据 RFC1918 的定义，下列哪些选择项不是私有 IP 地址？（　　）

A．172.16.31.1　　　　　　　　　　B．172.33.1.1

C．10.255.1.1　　　　　　　　　　D．10.1.255.1

8．使用静态 NAT 仅为内部地址提供转换，下列哪种情况会引发 NAT 表条目的创建？（　　）

A．从内部网络到外部网络的第一个数据包

B．从外部网络到内部网络的第一个数据包

C．用 ip nat inside source 命令进行配置

D．用 ip nat outside source 命令进行配置

9．NAT 配置为转换从网络内部接收到的数据包的源地址，但仅限于某些主机，以下哪个命令能识别这类转换后的外部本地 IP 地址？（　　）

A．ip nat inside source list 1 pool barney

B．ip nat pool barney 201.1.1.1 201.1.1.254 netmask 255.255.255.0

C．ip nat inside

D．ip nat inside 200.1.1.1 200.1.1.2

10．考虑在配置了动态转换的路由器上使用 show 命令的如下输出内容：

--inside Source

access-list 1 pool fred refcount 2288

pool fred: netmask 255.255.255.240

start 200.1.1.1 end 200.1.1.7

type generic, total addresses 7, allocated 7（100%）, misses 965

此时用户抱怨无法接入 Internet，则下列哪个选项最有可能是引起该问题的原因？（　　）

A．根据输出信息，该故障与 NAT 无关

B．NAT 表中没有足够的条目满足所有请求

C．不能使用标准 IP ACL，必须使用扩展 IP ACL

D．输出信息不足以确定问题原因

二、填空题

1．数据同步的两种方式是_____和_____。

2．同步数据传输的两种控制方式是_____和_____。

3．DTE 是_____连接的设备，而 DCE 是_____。

4．PPP 主要有两种验证方法，它们是_____和_____。

5．IP ACL 可以过滤_____和路由器端口的数据包流量。

三、判断题

1．CHAP 的安全性比 PAP 高。　　　　　　　　　　　　　　　　　　　（　　）

2．标准 IP ACL 只以数据包的源地址作为判断是否允许传输的条件。　　（　　）

3．访问控制列表 access-list 100 permit ip 129.38.1.1 0.0.255.255 202.38.5.2 0 的含义是允许主机 202.38.5.2 访问网络 129.38.0.0。　　　　　　　　　　　　　　（　　）

4．ipv6 unicast-routing 表示启动 IPv6 路由。　　　　　　　　　　　　（　　）

5．NAT 的地址只有 2 种类型，即内部本地地址和外部全局地址。　　　（　　）

四、简答题

1．请画出 CHAP 验证过程示意图。

2．请简述 PPP 的主要特征。

3．请简述 PPP 会话的建立过程。

4. 试比较 PAP 和 CHAP 的优、缺点。

5. 简要阐述 IP ACL 的基本原理、功能与局限。

五、操作题

1. 对基于图 3-4-1 所示拓扑结构及表 3-4-1、表 3-4-2 所示网络信息。路由器 RA 的 S0/0/0 端口连接路由器 RB 的 S0/0/0 端口（路由器 RA 的 S0/0/0 端口提供时钟同步）。2 个路由器连接 2 个以太网。

图 3-4-1　双向 PAP+CHAP 验证示意

表 3-4-1　设备端口连接

设备名称	端口	设备名称	端口
RA	S0/0/0	RB	S0/0/0
RA	Fa0/0	S1	Fa0/1
RB	Fa0/0	S2	Fa0/1
S1	Fa0/2	PC1	Fa0
S2	Fa0/2	PC2	Fa0

表 3-4-2　设备端口地址

设备名称	端口	IP 地址	网关地址
RA	S0/0/0	192.168.12.1/24	—
RA	Fa0/0	192.168.10.1/24	—
RB	S0/0/0	192.168.12.2/24	—
RB	Fa0/0	192.168.20.1/24	—
PC1	NIC	192.168.10.10/24	192.168.10.1
PC2	NIC	192.168.20.10/24	192.168.20.1

根据以上信息，完成网络设备的端口配置，全网配置 RIPv2 实现全网互连互通，在 RA 与 RB 的串行链路上配置双向 PAP 验证（用户名及口令均为 cisco），在 RA 与 RB 的串行链路上配置双向 CHAP 验证（认证口令为 class）。

2. 对基于图 3-4-2 所示拓扑结构及表 3-4-3、表 3-4-4 所示设备信息的网络，已实现全网互连互通，请按照以下要求完成配置。

（1）只允许主机 PC1 访问路由器 R3 的 Telnet 服务。

（2）远程登录用户名（cisco）和口令存储在 RADIUS 服务器中。

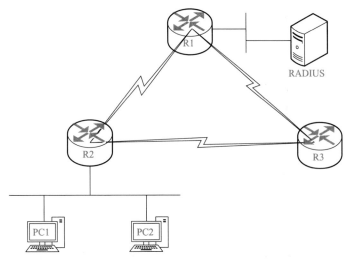

图 3-4-2　基于 RADIUS 的扩展 IP ACL 配置

表 3-4-3　设备端口连接

设备名称	端口	设备名称	端口
R1	S0/0/0	R2	S0/0/0
R1	S0/0/1	R3	S0/0/0
R1	Fa0/0	RADIUS	Fa0
R2	S0/0/1	R3	S0/0/1
R2	Fa0/0	S1	Fa0/1
S1	Fa0/2	PC1	Fa0
S1	Fa0/3	PC2	Fa0

表 3-4-4　设备端口地址

设备名称	端口	IP 地址	网关地址
R1	S0/0/0	10.1.128.1/24	—
R1	S0/0/1	10.1.130/24	—
R1	Fa0/0	10.1.1.254/24	—
R2	S0/0/0	10.1.128.2/24	—
R2	S0/0/1	10.1.129.2/24	—
R2	Fa0/0	10.1.2.254/24	—
R3	S0/0/0	10.1.130.3/24	—
R3	S0/0/1	10.1.129.3/24	—
RADIUS	NIC	10.1.1.1	10.1.1.254
PC1	NIC	10.1.2.1	10.1.2.254
PC2	NIC	10.1.2.2	10.1.2.254

3. 对基于图 3-4-3 所示拓扑结构及表 3-4-5、表 3-4-6 所示网络信息。网络功能要求如下。

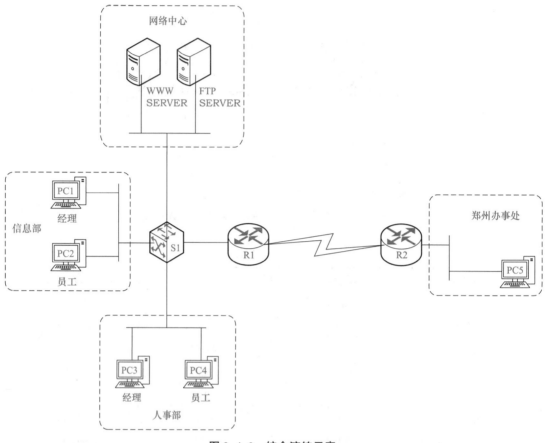

图 3-4-3　综合演练示意

（1）网络设备 IP 地址、路由配置基本完成，后续根据要求在路由器上补充完善，实现全部功能。

（2）为了保障数据传输安全，外网的 WAN 链路采用 CHAP 双向认证。

（3）信息部经理可以访问公司的所有资源。

（4）边界路由器 R1 和 R2 开启 Telnet 功能。

（5）信息部员工不能访问外网，但可以访问网络中心服务器。

（6）人事部员工可以访问外网，但不能访问网络中心服务器。

（7）WWW 服务器和 FTP 服务器分别映射到 201.1.1.3，Web 服务器同时实现域名解析功能，访问域名分别是 www.abc.com 和 ftp.abc.com。

（8）信息部经理通过静态转换访问外网，IP 地址为 201.1.1.13。

（9）人事部通过 PAT 技术访问外网，IP 地址为 201.1.1.2。

（10）郑州办事处通过 PAT 技术访问外网，采用端口地址。

（11）涉及用户名和口令分别为 user01 和 cisco。

【设备信息】

表 3-4-5 设备端口连接

设备名称	端口	设备名称	端口
R1	S0/0/0	R2	S0/0/0
R1	Fa0/0	S1	Fa0/24
R2	Fa0/0	S5	Fa0/24
S1	Fa0/1	S2	Fa0/1
S1	Fa0/2	S3	Fa0/1
S1	Fa0/3	S4	Fa0/1
S2	Fa0/2	WWW SERVER	Fa0
S2	Fa0/3	FTP SERVER	Fa0
S3	Fa0/2	PC1（信息部经理）	Fa0
S3	Fa0/3	PC2（信息部员工）	Fa0
S4	Fa0/2	PC3（人事部经理）	Fa0
S4	Fa0/3	PC4（人事部员工）	Fa0
S5	Fa0/1	PC5	Fa0

表 3-4-6 设备端口地址

设备名称	端口	IP 地址	网关地址	DNS 地址
R1	S0/0/0	201.1.1.1/28	—	—
R1	Fa0/0	192.168.12.254/24	—	—
R2	S0/0/0	201.1.1.14/28	—	—
R2	Fa0/0	172.16.1.254/24	—	—
S1	Fa0/1	192.168.12.1/24	—	—
S1	Fa0/2	192.168.10.254/24	—	—
S1	Fa0/3	192.168.20.254/24	—	—
S1	Fa0/4	192.168.30.254/24	—	—
WWW	NIC	192.168.10.100/24	192.168.10.254	—
FTP	NIC	192.168.10.200/24	192.168.10.254	—
PC1	NIC	192.168.20.100/24	192.168.20.254	88.88.88.88
PC2	NIC	192.168.20.10/24	192.168.20.254	88.88.88.88
PC3	NIC	192.168.30.100/24	192.168.30.254	88.88.88.88
PC4	NIC	192.168.30.10/24	192.168.30.254	88.88.88.88
PC5	NIC	172.16.1.10/24	172.16.1.254	88.88.88.88

参考文献

［1］段标，陈华. 计算机网络基础（第6版）［M］. 北京：电子工业出版社，2021.

［2］谢希仁. 计算机网络（第7版）［M］. 北京：电子工业出版社，2021.

［3］连丹. 信息技术导论［M］. 北京：清华大学出版社，2021.

［4］刘丽双，叶文涛. 计算机网络技术复习指导［M］. 镇江：江苏大学出版社，2020.

［5］宋一兵. 计算机网络基础与应用（第3版）［M］. 北京：人民邮电出版社，2019.

［6］陈国升. 计算机网络技术单元过关测验与综合模拟［M］. 北京：电子工业出版社，2019.

［7］戴有炜. Windows Server 2016 网络管理与架站［M］. 北京：清华大学出版社，2018.

［8］王协瑞. 计算机网络技术（第4版）［M］. 北京：高等教育出版社，2018.

［9］周舸. 计算机网络技术基础（第5版）［M］. 北京：人民邮电出版社，2018.

［10］张中荃. 接入网技术［M］. 北京：人民邮电出版社，2017.

［11］吴功宜. 计算机网络（第4版）［M］. 北京：清华大学出版社，2017.

［12］刘佩贤，张玉英. 计算机网络［M］. 北京：人民邮电出版社，2015.